KB052698

왜요, 기후가 어떤데요?

탄소 발자국에 숨은 기후 위기

왜요, 기후가 어떤데요?

탄소 발자국에 숨은 기후 위기

초판 1쇄 펴낸날 2021년 8월 10일
초판 9쇄 펴낸날 2024년 5월 20일

지은이 최원형
펴낸이 이건복
펴낸곳 도서출판 동녘

편집 이정신 이지원 김혜윤 홍주은
디자인 김태호
마케팅 임세현
관리 서숙희 이주원

등록 제311-1980-01호 1980년 3월 25일
주소 (10881) 경기도 파주시 회동길 77-26
전화 영업 031-955-3000 편집 031-955-3005 **전송** 031-955-3009
홈페이지 www.dongnyok.com **전자우편** editor@dongnyok.com
페이스북·인스타그램 @dongnyokpub
인쇄·제본 영신사 **라미네이팅** 북웨어 **종이** 한서지업사

왜요, 기후가 어떤데요?

탄소 발자국에 숨은
기후 위기

최원형 지음

동녘

그 여름, 제비를 기억하며

작은 실천이 모여 거대한 전환을!

그해 여름엔 무려 54일 동안 비가 내렸어. 전라남도 어느 지역은 둑이 터지면서 마을 전체가 물에 잠기는 일까지 벌어졌지. 물이 마을로 밀려들자 사람들은 간신히 피했어. 하지만 동물은 어떻게 됐을까? 다행히도 축사에 갇혀 있던 소를 풀어 놨더니 어떤 소는 물을 피해 산으로 갔어. 또 다른 소는 물길에 떠내려가다가 물에 잠긴 집 지붕 위로 올라가 겨우 목숨을 구했지. 그렇지만 구조된 대부분의 소는 결국 고기가 되었단다. 어떻게든 살기 위해 버티고 있었는데 이미 몸이 상해 버렸거든.

이후 둑을 관리하는 기관을 향해 책임을 묻는 목소리가 커졌어. 둑이 터지지만 않았어도 마을이 이토록 피해를 입지 않았을 거라면서 말이야. 그때 그 기관에서 했던 대답이 뭐였는지 아니? 100년에 한 번 내릴까 싶은 비에 대비하도록 둑을 건설했는데 500년에 한 번 내릴 법한 폭우가 쏟아졌다는 거야. 이 대답이 구차한 변명처럼 들릴 수도 있지만, 기상을 예측한다는 것이 어쩌면 인간의 오만일 수 있겠다는 생각이 들었어. 기후가 이제 우리의 예측을 완전히 벗어나 버렸다는 의미로 들렸으니까.

폭우가 그치자 이번에는 강력한 태풍이 연달아 왔어. '마이삭'과 '하이선'이라는 두 태풍은 특히나 위력이 셌지. 태풍이 몰고 온 비로 여러 지역이 침수되는 일이 또다시 벌어졌고 울릉도에서는 바다 방파제로 쓰이는 '테트라포드'가 해안 도로 위로 올라왔단다. 적어도 무게가 50~60톤쯤 되는 테트라포드를 마치 공기놀이하듯 도로에 올려놓은 걸 보면서 태풍의 위력을 새삼 실감했어.

이렇게 어마어마한 폭우와 태풍이 지나고 추석이 돌아왔지. 한 해 농사를 추수하며 조상님께 감사드리는 날이 추석인데 분위기가 어땠을까? 추수의 기쁨 대신 시름이 깊었어. 2020년에 이런 일을 겪으며 사람들은 기후 문제에 조금이라도 관심이 생겼을까?

기후가 정말 문제인 것은 단지 폭염과 열대야로 혹은 폭우와 태풍으로 힘들어서가 아니야. 바로, 농사와 직결되기 때문이야. 생명을 가진 모든 존재는 먹어야 살 수 있고 그 먹을거리는 농사를 통해서 얻어. 과거에는 가을 태풍이 흔치 않았지만 근래 들어서는 가을에도 강력한 슈퍼 태풍이 오고 있어. 가을 태풍과 가을비는 작물 수확에 치명적인데 앞으로 더 빈번해질 것이라고 기상 전문가들은 예측하고 있지. 이렇게 기후로 인해 식량 생산에 문제가 생기게 되면서 '식량 안보'라는 말이 생겼어. 국가 안보가 외부의 침략 등으로부터 국민을 보호하듯이 식량 안보는 굶주림으로부터 인류의 생명을 보호한다는 의미야.

아프리카를 비롯해 기후 문제가 심각해진 지역은 오래전부터 흉작으로 기아에 시달리는 등 큰 어려움을 겪고 있어. 식량 부족에서 비롯된 문제가 내전의 원인이 되고 난민이 발생하는 일들이 연쇄적으로 일어나고 있거든. 농사가 안 되면 바다에서 물고기를 잡아먹으면 된다고? 맞는 말이야. 그런데 기후 변화로 바다 역시 온전할 수 없다는 게 문제지.

전 세계 해저 면적의 1퍼센트인 산호초는 해양 생태계에서 무척 중요해. 적어도 해양 생물의 4분의 1이 산호초와 관계를 맺고 살아가거든. 산호초에 사는 조류(algae)는 이산화탄소를 흡수하고 산소를 만들어 기후를 안정화시키는 데 중요한 역할을 해. 그런데 바다에 흡수된 이산화탄소는 산호초의 딱딱한 골격이 만들어지는 걸 방해해. 우리가 배출한 이산화탄소 가운데 4분의 1은 바다에 흡수돼. 조개나 게, 바닷가재처럼 탄산칼슘으로 단단한 껍질을 만들어야 하는 해양 생물들도 바다에 녹아든 이산화탄소로 인해 방해받고 있어. 이러한 현상을 해양 산성화라고 불러.

산호초는 사람과도 떼려야 뗄 수 없어. 유네스코 보고서에 따르면 약 10억 명의 사람들이 산호초 지대에서 어업을 하거나 관광업으로 생계를 꾸리고 있어. 산호초는 폭풍과 해수면 상승으로부터 지역 주민들을 지켜 주는 방파제 역할도 하지. 이처럼 중요한 산호초를 위협하는 건 이산화탄소뿐만이 아니야. 바다는 인간이 배출한 열의 90퍼센트 가량을 흡수하는데 이렇게 흡수한 열로 해수 온도가 올라가는 것도 산호초가 사라지는 데 영향을 끼쳐. 꼬리에 꼬리를 무는 이야기들 같지? 지구는 복잡계이기 때문에 하나의 영향력이 어디에서 어떤 결과로 나타날지 다 예측하기란 불가능하단다.

미국 대통령을 지냈던 어떤 이는 기후 변화를 부정하는 기후 회의론자였어. 그 사람은 트위터로 자기 의사를 자주 피력하곤 했는데 지구온난화라면서 왜 겨울에 한파가 닥치냐는 등

기후 변화가 사기라는 말을 자주 트위터에 올렸지. 그가 재선에 실패한 직후인 2021년, 미국 텍사스에는 기록적인 한파가 닥쳤어. 늘 따뜻했던 지역이라 한파에 미처 대비하지 않았던 거야. 발전소가 얼어붙으면서 가동이 중단됐고 그로 인한 대규모 정전으로 지역민들의 피해가 극심했거든. 그야말로 한파 후폭풍이 굉장했어.

한때 미국 대통령이었던 그 사람은 자신의 무지를 있는 그대로 온 세상에 드러낸 셈이야. 왜냐하면 기후와 날씨를 구분할 줄 몰랐으니까. 미국 항공우주국(NASA) 설명에 따르면 날씨는 짧은 기간 대기의 상태와 거기서 비롯된 자연 현상을, 기후는 상대적으로 훨씬 긴 기간 동안 대기의 변화에 따라 일어나는 자연 현상을 의미해. 비유하면 날씨는 그때그때 변하는 우리의 기분 같은 것이고 기후는 사람의 성품 같은 거야.

기상청 자료에 따르면 40년 전에 비해 여름 일수는 보름 가까이 길어졌고 겨울은 보름 가까이 줄어들었어. 겨울이 빨리 끝나니 봄꽃이 이르게 필뿐만 아니라 시차를 두고 피어야 할 꽃들도 한꺼번에 다 빨리 피는 거야. 꽃가루 모을 계획을 세웠던 곤충들은 당혹스러울 테고 열매를 못 맺는 일이 벌어지겠지. 겨울이 일찍 끝나고 기온이 오르니 복숭아나 사과처럼 과일 꽃도 상황이 안 좋긴 마찬가지야. 이르게
꽃이 피었다가 갑자기 한파가 닥쳐서 얼어
버리거든. 기후로 한 해 농사를 망치는 상황이
빈번해지자 이러한 피해를 줄여 보려고 농업
에도 보험이 생겼단다. 이렇듯 예측할 수 없
는 기후로 점차 위기감을 느낀 사람들이 기후
변화라는 말 대신 '기후 위기'로 고쳐 부르고 있지.

그렇다면 기후 위기의 원인은 무엇이고 누구의 책임일까?
너희도 알다시피 과도한 화석연료 사용이 기후 위기의 원인
이야. 그리고 화석연료를 채굴하고 팔아서 이득을 본 석유 기
업에게 가장 큰 책임이 있어. 이미 1960~1970년대부터 화
석연료에서 배출된 온실가스로 지구 평균 기온이 산업혁명
이전보다 오르고 있다는 경고의 목소리가 있었지만 화석연료
생산을 줄이려는 노력은 전혀 없었어.

왜 그랬느냐고? 무한 성장이라는 목표에만 사로잡혀 있었
기 때문이야. 화석연료 사용을 줄이려면 계속되는 성장에 브
레이크를 걸어야 하는데 그러질 않았던 거지. 이윤을 추구하
는 기업들이 자발적으로 이윤을 포기하길 기다릴 수는 없어.
그렇다면 어떻게 해야 할까? 물건을 소비하는 소비자가 있어
야 기업도 계속 생산을 하는 거니까, 소비자들이 똑똑해지면

돼. 우리의 소비가 어떻게 온실가스를 배출하는 일과 연결되어 있는지 알고 나면 하나둘 소비를 멈추거나 줄여야겠다는 생각을 하게 될 거야.

사실 우리는 날마다 어떤 식으로든 물건을 소비하며 살아가지. 하지만 그 물건이 만들어지는 과정에서 얼마나 많은 온실가스를 배출하고 누가 희생되는지에 관해서는 알지 못해. 이 책은 그런 과정을 차근차근 알아보는 여행이 될 거야. '탄소 발자국'이라는 말, 들어 봤지? 어떤 제품의 원료를 생산하거나 채굴하고 가공해서 물건이 되고 소비되는 전 과정에서 발생하는 온실가스를 이산화탄소로 환산한 양을 탄소 발자국이라고 해. 일상생활에서 소비하는 모든 것들은 탄소 발자국을 찍고 있지. 즉 탄소 발자국은 우리 생활이 어떻게 기후 위기에 영향을 끼치는지를 객관적인 수치로 보여 주고 있어.

기후 문제는 머뭇거릴수록 해결하기가 점점 어려워져. 한번 배출한 이산화탄소가 길게는 수백 년 동안 대기 중에 머물기 때문이야. 코로나19로 온실가스 배출이 잠깐 줄었던 기간에도 지구 평균 기온이 계속 상승한 결과만 봐도 알 수 있지. 그래서 요즘 들어 '탄소 중립'이 중요시되고 있어. 배출한 탄소량만큼 다시 흡수해서 제로 상태가 되는 걸 탄소 중립이라고 해. 2020년 우리 정부도 탄소 중립을 선언했어. 정책적으로 탄소를 큰 폭으로 줄이겠다지만, 그 목소리에 묻혀 정작 생활 속 작은 실천을 소홀히 하게 되지.

하지만 일상에서 개개인이 탄소 발자국을 줄이려는 노력은 삶의 태도에 큰 변화를 가져와. 삶의 태도가 바뀌고 내 의식에 변화가 생겨야 비로소 세상의 변화를 추동할 힘이 생기거든. 한마디로 '거대한 전환'을 이룰 힘 말이야! 이 책이 너희들 일상에 작은 변화를 가져다준다면 좋겠어. 일상에서 발생시키는 탄소 발자국을 줄이려고 노력한다면 글을 쓴 보람이 클 것 같아. 이러한 작은 변화들이 모여 큰 흐름을 형성할 거야. 그 흐름이 우리 사회가 기후 위기를 극복하는 길로 나아가는 데 든든한 밑거름이 될 거라는 걸 믿거든.

차례

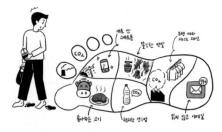

1장

소비는
탄소 발자국을 남긴다

2장

우리가 먹는 것
하나하나가…

3장
남극이 펭귄을
잃게 될 때

각 장 뒤에 있는 '함께 토론하기'에서는
토론 주제에 관해 자신의 입장을 정하고
그 근거를 제시해 보자!

4장

기후 위기에 대응하는 우리의 실천

나가는 글

1장

소비는
탄소 발자국을 남긴다

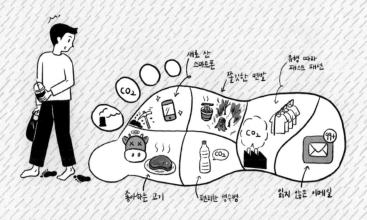

새로 산
스마트폰

쫄깃한 면발

유행 따라
패스트 패션

CO₂

좋아하는 고기

편리한 생수병

읽지 않은 이메일

자원을 지구에서 꺼내 쓴다는 일은 참 복잡하고 어려운 문제야.

지구에서 자원을 꺼내고 다시 가공하는 이 모든 과정에서

온실가스가 배출되거든. 사람들의 소비는 언제 터질지 모르는

화산과도 같아. 소비와 연결돼 있는 무수한 탄소 발자국들을

줄일 수 있는 방법은 뭐가 있을까?

흙으로 스마트폰을 만든다고?

다들 이와 비슷한 경험이 한두 번쯤 있지? 실수로 스마트폰을 떨어뜨렸다가 액정 또는 뒤판이 박살 나는 경험 말이야. 그런데 궁금하지 않아? 요즘 스마트폰 겉면은 왜 깨지기 쉬운 유리로 만들까? 유리는 미끄러워서 놓치기 쉽잖아. 스마트폰은 몸의 일부처럼 늘 지니고 다니는 물건이니까 좀 거칠게 다뤄도 충분히 견딜 수 있는 재질로 만들면 좋을 텐데 말이야.

최근 스마트폰 외장재는 강화 유리가 대세야. 우리에게는 이미 실용적인 필수품이 된 스마트폰이지만, 이것을 만드는 기업에서는 스마트폰을 하나의 사치품으로도 보기 때문에 유리로 마감하면 무엇보다 디자인이 멋져. 디자인이 멋져야 새로운 제품이 나올 때마다 사고 싶은 마음이 들겠지? 멋진 디자인의 최신형 스마트폰을 갖게 된다면 어쩐지 나도 세련된 사람이 될 것 같은 착각이 들기도 하잖아.

소유한 물건이 자신을 대변한다고 생각하는 사람들이 많아. 다른 사람이 지닌 물건을 평가 기준으로 삼기도 하고. 명품이 사람들에게 꾸준히 인기 있는 것도 그런 이유에서겠지. 기업은 사람들의 이러한 심리를 꿰뚫고 전략적으로 새로운 상품을 내놓고 있어. 쉴 새 없이 물건을 만들고 있으니 앞서 나온 제품과 구분하려 새로운 제품명을 멋지게 붙이지. 그래, 탐나게 만드는 거야. 최신 스마트폰을 들고 나타난 친구가 부럽고, 너희도 그 제품을 갖고 싶어 한 기억이 있지 않니?

과거에 신제품을 만드는 이유는 이미 나와 있는 제품의 단점을 보완하고 그사이 진전된 기술을 추가하기 위해서였어. 가령 냉동실에 성에가 너무 많이 생겨서 사용하는 데 불편한 문제점이 발견되면 기업은 그 문제를 해결한 신제품을 내놓았지. 그건 정당한 명분이었어. 그런데 지금은 굳이 없어도 되는, 사용하는 데 필요치 않는 기능을 계속 개발해서 새 제품을 쏟아 내는 것 같아. 어떤 기능이 있는지 사용자도 모르는 경우가 허다해.

무선 충전기 알지? 요즘 많이들 갖고 있잖아. 무선 충전이 정말 편리한 기술임에는 틀림없어. 그렇지만 '반드시 필요한' 기술일까? 스마트폰의 뒤판이 유리가 아닌 알루미늄과 같은 금속 재질인 경우에는 무선 충전 기술을 적용하기 어렵대. 그래서 점점 강화 유리로 바뀌어 가는 추세야. 깨지기 쉽고, 자주 수리해야 하고, 오래 못 쓰고 바꾸어야 하는 불편함도 생기게 되는 강화 유리 재질 스마트폰이 우리의 삶을 나은 방향으로 데려가는 걸까? 이런 식의 불필요한 '업그레이드'를 어떻게 봐야 할까?

흙으로 만든 스마트폰

사람들은 스마트폰을 몇 년에 한 번 바꿀까? 너희는 지금까지 스마트폰을 몇 번 바꿨는지 혹시 기억하니? 전 세계적으로 스마트폰의 평균 교체 주기는 2.7년이야. 대개 약정 기간이 끝날 즈음 교체를 하게 되지. 때마침 배터리 성능도 점점 떨어지고 의무 약정 기간도 끝나니까 그동안 부러워하던 신제품으로 갈아타고 싶은 마음이 슬금슬금 올라오잖아. 근데 2~3년에 교체하기엔 결코 싸지 않은 가격이야. 제작에 들어갈 원료까지 생각하면 고작 3년도 못 쓴다는 건데, 아까운 걸 넘어 낭비라는 생각밖에 안 들어. 스마트폰은 거칠게 말하면 흙으로 만든 물건이야. 최첨단 기술의 집합체를 흙으로 만든 토기에 비유하다니 무슨 헛소리냐고 할 테지? 스마트폰을 만들려면 40여 가지 광물이 필요하다고 해. 스마트폰뿐만 아니라 전자 기기를 만들려면 수십여 가지 광물이 필요해. 이토록 많은 광물 하나하나를 모두 지구에서 꺼내는 거니까, 흙으로 만든 거 맞지?

전자 기기 원료인 광석을 채굴하려면 곡괭이나 삽으로는 어림도 없어. 화학 약품과 에너지를 엄청나게 쏟아 넣어야 해. 채굴한 것은 원석 상태이기 때문에 곧장 부품으로 쓸 수가 없어. 다시 제련하면서 불순물을 제거하고 부품으로 만들기 위한 여러 과정을 거쳐야 해. 이 과정에서 또 에너지와 화학 약품, 물 등을 엄청나게 소비할 수밖에 없어. 계속해서 뭉뚱그려 '엄청나게'라는 표현을 쓴 건 수십 가지 광물마다 채굴하고 제련하는 데 들어가는 화학 약품, 에너지, 물 소비량이 다르기 때문이야. 반도체와 물, 이 두 가지가 관련이 있을까? 엄청나게 있어. 전자 제품의 핵심 부품인 반도체를 생산하는 데 상상 이상의 물이 필요하거든. 2020년과 2021년, 타이완은 우기에 비가 거의 내리지 않아 가뭄을 겪었어. 타이완 경제의 기둥인 반도체 산업에 비상이 걸린 거야. 타이완 정부는 반도체 공장으로 물을 공급하려고 한 해 농사를 강제로 쉬게 했어.

메인 보드란 말을 들어 봤지? 작은 부품들이 모여 있는 회로 판인데 전자 기기에서 가장 중요한 부분이야. 회로 판에 전류를 저장하기 위해 꼭 필요한 부품인 탄탈럼(tantalum)은 콜탄이라는 광물로 만드는데 콩고민주공화국에 주로 매장되어 있어. 콜탄을 흔히 '피의 다이아몬드'라고 불러. 채굴하는 과정에서 많은 이들이 목숨을 잃기 때문이기도 하고 콩고민주공화국의 내전을 일으키는 곳으로 콜탄을 판 수익금이 흘러 들어가기 때문이기도 하지. 콜탄이 매장된 지역으로 민병대가 들어가 광물을 차지하려고 지역 주민을 내모는 거야. 이 과정에서 여자들을 강간을 하는 일도 벌어져.

이런 문제로 세계 여러 환경 단체는 전자 기기를 생산하는 기업을 향해 콜탄을 어느 지역에서 가져온 것인지 물었고 적어도 피로 만든 광물은 사용하지 말자는 캠페인을 벌이기도 했어. 회로 판에서 트랜지스터 역할을 하는 구리, 회로 판 전선을 코팅하는 금 등 스마트폰을 만들기 위해 들어가는 다양한 광물들은 각각 세계 여러 지역에서 채굴하고 있어. 그 과정에서 자연 생태계를 망가뜨리고 지역 주민에게 피해와 고통을 주는 일들이 벌어지고 있지.

쓰고 버리기만 한다면

원료를 채굴하고 난 이후에도 문제는 계속돼. 그레타 스토클라소바 감독의 〈키루나 – 새로운 세상〉은 이런 주제를 다룬 다큐멘터리 영화야. 키루나는 스웨덴 최북단에 있는 도시야. 한여름에는 밤이 없는 백야가 이어지고 12월에는 일조 시간이 없어서 하루 종일 빛 없는 날이 계속돼. 위도가 높아 아름다운 오로라를 볼 수도 있어. 신화 속 마을 같은 키루나는 세계 최대 철광산이 있어 한때 공업이 번성했던 곳이야. 지금은 다른 나라로 넘어갔지만 자동차 브랜드인 볼보와 사브가 스웨덴에서 시작되었다는 건 철광 산업과도 밀접한 관련이 있어.

소나무 숲 아래 매장돼 있던 철을 채굴하느라 한때 카루나에는 숲이 사라졌어. 채굴을 다 끝낸 후에는 소나무 대신 전나무를 심어서 숲을 만들었지. 다시 숲으로 되돌린 건 다행스러운 일이지만 오랜 시간 소나무 숲에서 살던 수많은 생물들은 어떻게 됐을까? 문제는 이게 끝이 아니었어. 더 큰 위기가 생겼지. 광산 개발로 지층이 붕괴되면서 더는 그곳에 사람이 살 수 없게 되었거든. 어쩔 수 없이 마을이 통째로 이주하게 된 거야. 채굴로 벌어진 틈을 메우려 애를 썼지만 온전히 되돌릴 수는 없었다고 해.

이러한 일은 또 있어. 인도네시아는 전 세계에서 석탄을 두 번째로 많이 수출하는 나라야. 자원이 풍부한 나라지. 인도네시아 칼리만탄섬에는 석탄 채굴이 끝난 광산을 방치한 채 남아 있는 채굴 공동이 2019년 기준으로 3033개나 된다고 해. 한마디로, 필요할 때 꺼내 쓰고는 팽개친 거지. 그 구덩이에 어린이 143명이 빠져 목숨을 잃었어. 이렇게 석탄을 채굴한 뒤 버려진 곳이 인도네시아에만 738제곱킬로미터에 이른다고 해. 서울의 면적이 약 605제곱킬로미터라고 하니 대단하지? 앞서 키루나의 사례처럼 땅속에서 무언가를 꺼내느라 숲과 마을이 다 망가지고 오염되기도 하는데, 이를 다시 복원하는 일은 결코 간단한 문제가 아니야. 인도네시아의 경우는 꺼내 쓰기만 하고 방치해서 또 다른 사고의 원인이 되기도 하고.

　사람들의 소비는 언제 터질지 모르는 화산과도 같은 충격이야. 우리가 이런 충격을 쉼 없이 가하는 동안 지구는 자기 속도를 잃어버리고 인간의 속도로 변하고 있어. 자원을 지구에서 꺼내 쓴다는 일은 생각보다 참 복잡하고 어려운 문제야. 지구는 유한한 공간이기 때문에 자원을 꺼내 쓸 때는 그곳에 형성된 생태계뿐 아니라 다음 세대를 늘 염두에 둬야 할 것 같아. 지속 가능성을 생각한다는 의미야. 뿐만 아니라 지구에서 자원을 꺼내고 다시 가공하는 이 모든 과정에는 온실가스 배출이라는 무척이나 불편한 진실이 배어 있어. 그저 멋진 스마트폰으로 교체했을 뿐이라는 변명은 이제 그만해야 할 것 같아. 스마트폰에 연결돼 있는 무수한 탄소 발자국들, 그걸 줄일 수 있는 방법은 뭐가 있을까?

데이터 센터가 북극으로 갔대!

야, 너 왜 카톡에 답 안 해?

미안 데이터 다 써서.

와, 진짜 많이 썼네. 벌써?

공유기가 고장 났어.

헐~ 데이터로 인강 들었구나?

통신사에서 내일 바꿔 준대.

인터넷 주소는 www로 시작하지. 풀어 쓰면 월드와이드웹 (world wide web), 그러니까 우리 모두는 거미줄로 연결된 세상에 살고 있는 거미라고 표현하면 어때? 오늘날 인류는 거미줄처럼 촘촘한 연결망 속에서 정말 많은 일을 하며 살아가고 있어. 우리는 이 거미줄에서 벗어날 수 있을까?

코로나19로 학교에 제대로 갈 수 없어도 인터넷으로 연결이 되니까 강의를 들을 수 있는 세상이야. 상전벽해(桑田碧海)라는 사자성어 들어 봤니? '뽕나무밭이 바다가 되었다'는 뜻인데 이 말처럼 엄청난 일이 아닐 수 없어. 물론 학교에서 친구를 만나 함께 모여 앉아 공부하던 것보다 더 나은 방식이라고 단정할 수는 없지만 말이야.

너희는 태어날 때부터 이런 세상을 자연스레 마주했기 때문에 인터넷 없는 세상을 상상할 수 없을 거야. 그건 마치 내가 전기 없는 세상을 상상하는 것과 비슷하지 않을까 싶어. 인터넷의 역사는 1950년대 컴퓨터 개발과 함께 시작됐어. 컴퓨터와 통신, 두 기술이 상호보완적으로 발전을 거듭하면서 1990년대 말부터 인터넷은 단순한 통신 수단을 넘어 문화와 상업에 엄청난 영향을 끼치고 있지. 손 편지를 이메일이 대신하게 되었고 음성 언어의 상당 부분이 문자나 오픈 채팅 등의 메신저로 바뀌었어.

이제는 전 세계 어디에 있든 웹이라는 가상 공간에서 동시에 만날 수 있어. 화상으로 통화뿐 아니라 강의, 세미나, 포럼에 이르기까지, 서로 얼굴을 보며 이야기 나누고 토론하면서 일을 해 나갈 수 있지. 언제 어디에서나 시간이나 지리적인 제약이 더는 장벽일 수 없는 세상이 된 거야. 물건을 사는 일마저 온라인 쇼핑몰을 이용하는 사람들이 점점 늘어나고 있어. 코로나19로 비대면의 시간을 거치면서 더 가파르게 증가하고 있지. 정보통신 기술이 가져온 이런 혁명적인 변화는 찬사를 받을 만해. 기술이 우리 삶에 가져다준 큰 변화이고 장점이니까. 그렇다면 이동하지 않고도 많은 일을 수행할 수 있으니, 이동에 들어가는 에너지와 탄소 배출을 줄일 절호의 기회가 될 수 있을까?

‖ 클라우드 속 데이터 ‖

앞에서 말했듯 정보통신 기술의 기반은 웹이야. 인터넷으로 연결된 세상 말이야. 이렇게 웹으로 이룩한 세상에는 어떤 장

단점이 있을까? 무엇보다 '연결'이라는 데 주목할 필요가 있을 것 같아. 아무리 최첨단 전자 기기가 있어도 네트워크가 제대로 작동하지 않는다면 아무 소용이 없을 거야. 친구와 톡을 하고 싶어도 데이터를 다 써 버려서 연결이 끊긴 경험이 있는 친구라면 공감할 거야. 이따금 서버가 터졌다는 이야기도 들어본 적 있지? 어떤 사이트에 순간 접속자가 몰리면서 서버가 다운되는 사태 말이야. 해킹으로 사이트가 마비되기도 하고.

국가의 중요한 일을 다루는 기관의 서버가 다운되거나 해킹된다니, 상상만으로도 끔찍해. 많은 업무가 디지털 시스템으로 바뀌다 보니 벌어지는 일이야. 실제로 은행 고객들의 개인 정보가 유출된 적도 있었잖아. 갑자기 유튜브 접속이 되지 않아 많은 사람들이 당황했던 적도 있어. 만약 유튜브로 중요한 일을 하고 있던 기관이나 단체는 큰 혼란을 빚었을 거야. 심지어 비트코인 비밀번호를 해킹해서 5억 원을 갈취한 일이 중국에서 벌어지기도 했지.

이런 이야기를 듣다 보니 어때? 웹으로 연결된 세상이 늘 장점만 있지 않다는 사실을 느꼈을 거야. 웹에서 많은 일이 이루어질수록 이런 일들이 발생할 가능성도 점점 높아지겠지. 따라서 관련 기업들은 시스템에 이중, 삼중으로 보안을 강화하며 새로운 기술을 도입하고 사고를 방지하고 예방할 수 있는 시설을 늘리고 있어.

'클라우드'니 '드라이브'니 하는 서비스를 들어 본 적 있지? 날마다 친구들과 톡이며 문자를 주고받고 사진이나 과제 파일을 전송하고 내려받느라 저장 공간을 신경 썼다면 유용한 서비스야. 내 스마트폰이나 데스크톱 컴퓨터에 아슬아슬하게 작업물을 저장해 두지 않아도 언제든 꺼내서 쓸 수 있거든. 이렇게 인터넷 공간을 떠도는 데이터는 어디에 저장되는지 궁금하지 않니? 가상 공간에 있는 모든 데이터를 저장하고 관리하기 위해 서버 컴퓨터와 네트워크를 제공하는 시설을 갖춘 곳을 '데이터 센터'라고 해. 데이터 센터는 서버 호텔이라고도 불러.

쇼핑, 게임, 교육 등에 필요한 수많은 정보를 저장하고 웹사이트를 운영하기 위해서는 수천 혹은 수만 대의 서버 컴퓨터가 필요해. 인터넷 보급과 함께 폭발적인 성장을 하고 있는 많은 기업들이 데이터 센터에 투자를 하고 있어. 데이터 센터 운영을 위해 중요한 요소가 몇 가지 있는데, 무엇보다 안정적으로 전력이 공급되는 게 중요해. 하루 24시간 1년 내내 언제 어디서 누구든 원하는 이에게 서비스를 제공하기 위해서는 인터넷 연결이 안정적으로 이뤄져야 하고 해킹으로부터도 안전해야 하니까. 전력이 필요한 이유는 이것 말고도 또 있어.

수천 혹은 수만 대의 서버 컴퓨터가 연결되어 있으니 일단 습도 조절을 잘해 줘야 해. 기계는 습도에 예민하니까. 더 큰 문제는 컴퓨터에서 나오는 엄청난 열기야. 너희가 집에서 쓰는 컴퓨터만 해도 열을 식히기 위해 팬이 돌아가잖아. 그런데도 오래 쓰면 뜨거워지지? 수만 대가 모여 있는 데이터 센터는 오죽할까? 데이터 센터를 운영하느라 들어가는 에너지 가운데 40퍼센트 정도가 열기를 식히는 냉방 에너지로 쓰인대. 현재 지구 전체 탄소 배출량의 약 2퍼센트가 데이터 센터에서 나오고 있지. 우리나라에서 배출하는 탄소 배출이 대략 1.7퍼센트 정도니까 어느 정도인지 짐작 가지 않니?

웹이라는 가상 공간에서 벌어지는 일이기 때문에 실제 운영 시스템에 에너지가 쓰인다는 생각을 미처 못 할 수도 있어. 하지만 알고 보니 상당하지? 이렇게 데이터 센터에서 에너지가 많이 쓰이자 IT업계가 환경오염 산업이라는 비난을 받기 시작했어. 그러자 구글은 데이터 센터에 냉방하느라 쓰는 에너지 소비를 줄이기 위해 북극권인 핀란드에 데이터 센터를 세웠지. 핀란드의 차가운 북극해 바닷물을 냉방에 이용하면서 에너지 비용을 많이 줄이고 있어.

페이스북이 아일랜드 클로니에 지은 데이터 센터는 100퍼센트 풍력 발전으로 생산한 전기로 운영되고 있어. 호스팅 기업인 페어 네트웍스는 미국 라스베이거스 사막 한복판에 데이터 센터를 세웠어. 사막에 태양광 패널을 설치해서 100퍼센트 재생 에너지로 데이터 센터를 운영하고 태양광 발전을 사용할 수 없을 때만 일반 전기를 이용해. 네이버는 우리나라에서 연평균 기온이 가장 낮은 지역 가운데 하나인 춘천에 데이터 센터를 세웠어. 산에서 내려오는 시원한 바람을 서버 내부의 열을 식힐 수 있도록 데이터 센터를 설계해서 에너지 소비를 줄이는 거지.

지구를 뜨겁게 하는 이메일

데이터 센터에서 사용하는 에너지를 친환경 에너지로 전환하려는 기업들의 이러한 움직임은 바람직한 방향이야. 그렇다면 데이터 센터의 에너지 문제는 이제 다 해결된 걸까?

인터넷 이용자들은 자신의 데이터가 안전하게 저장되는 것만큼이나 속도도 중요하게 생각하잖아. 그래서 대부분의 데이터 센터는 사람이 많이 모여 있는 도시 주변에 있어. 우리나라 전체 데이터 센터의 70퍼센트 이상이 수도권에 있고 서울에만 그중 절반 가까이 몰려 있거든. 도시에서 떨어져 있는 친환경 데이터 센터는 실제 서비스를 제공하기보다는 데이터를 분석하고 보관을 위한 보조 데이터 센터 정도의 기능만 한다고보면 적절할 것 같아. 자, 그렇다면 데이터 센터의 에너지 소비를 줄이기 위해 우리가 할 수 있는 일은 뭘까?

이메일을 자주 확인하는 편이니? 혹시 스팸 메일이 가득 쌓여 있다면 지구를 뜨겁게 하는 일에 동참하고 있는 거야. 전 세계 이메일 이용자는 대략 23억 명이라고 하는데 이 사람들이 필요 없는 이메일을 각자 50개씩만 지워도 862만 5000기가바이트의 데이터 공간을 절약할 수 있대. 이 공간이 줄어들면 2조 7600만 킬로와트시의 전기 에너지 소비를 줄일 수있고 1시간 동안 27억 개의 전구를 끄는 정도의 효과가 있어.

읽지 않는 이메일을 쌓아 둔 채 에너지를 소비하고 그로 인해 지구가 뜨거워진다면 너무 억울하지 않겠어? 몇 번의 클릭으로 굉장한 결과가 일어나잖아. 이메일함부터 정리해 보면어떨까? 톡방에 올린 불필요한 사진이나 링크도 얼른얼른 정리하고 말이지.

지구에 꽂은 빨대, 이제는 뺄 때!

편리한 물질, 플라스틱

지금 어디에서 이 책을 읽고 있니? 만약 집에서 읽고 있다면, 책에서 잠시 눈을 떼고 지금부터 집 안을 한번 탐험해 볼래? 집에 있는 물건 가운데 플라스틱으로 만든 물건을 찾아보는 거야. 별로 없다고? 그럴 리가! 저기 부엌에 있는 냉장고! 냉장고는 거의 플라스틱으로 만들었네, 뭘. 전기밥솥도 바깥은 온통 플라스틱이고 말이야. 이제 감 잡았지? 자, 그럼 1분 동안 몇 가지 물건이나 찾을 수 있는지 보는 거야. 시작!

텔레비전, 세탁기, 전자레인지, 정수기, 세탁 바구니, 창문틀 그리고 아침에 눈뜨면서부터 잠잘 때까지 끼고 사는 스마트폰, 노트북에 이르기까지. 또 있다, 지우개도! 씹는 껌도! 씹는 껌도 플라스틱이라니 충격이지? 그리고 블라인드, 블라인드도 합성 섬유니까 플라스틱이야. 아, 집 안에는 없지만 자동차도! 채 1분도 안 되어 열 개가 훌쩍 넘었네, 이런. 플라스틱은 이미 우리 삶 아주 깊숙이 들어와 있어.

이제 플라스틱 없는 삶을 상상할 수 있을까? 우리 몸의 70퍼센트가 물로 이루어져 있다고 하지? 우리가 쓰는 물건의 70퍼센트가 플라스틱으로 이루어졌다고 해도 지나친 말이 아닐 거야. 사실 플라스틱은 우리 삶을 한 단계 업그레이드해 준 무척 고마운 물질이야. 종이처럼 물에 젖지도 않고 떨어뜨려도 유리처럼 박살이 나지도 않고 사기그릇처럼 무겁지도 않지. 철처럼 녹이 슬지도 않고 말이야. 무거운 옹기며 사기그릇으로 부엌살림을 하던 주부들에게 플라스틱은 거의 혁명과도 같은 물질이었을 거야.

플라스틱에 대해 부정적인 이야기를 할 줄 알았는데 고마운 물질이라니, 이 무슨 뚱딴지같은 소리냐고? 플라스틱이 왜 우리 삶 깊숙이 들어오게 되었는지 이유를 알아야 플라스틱이 가져온 문제도 해결할 수 있을 거야. 이렇게 편리한 물질이니 얼마나 많이 만들고 사용했을까? 1950년에 200만 톤이었던 세계 플라스틱 생산량은 2015년에 4억 7000만 톤이 넘었어. 65년 동안 생산량이 200배 이상 늘었고 적어도 63억 톤 이상의 플라스틱이 버려졌어. 얼마나 신나게 만들어 쓰고 버렸는지 느껴지지 않니?

처음 일회용 플라스틱 컵이며 숟가락이 소비재로 생산되기 시작했을 때 사람들은 한 번 쓰고 버리질 못했어. 당연하게도, 인류 문화에 한 번만 쓰고 버리는 물건은 없었으니까. 그런데 어쩌다 우리는 '플라스틱 월드'에 사는 처지가 되고 말았을까?

처음에는 사람들이 한 번 쓰고 버리는 데 익숙하지 않았어. 그래서 기업에서는 "플라스틱의 미래는 쓰레기통에!"라는 슬로건까지 나왔다고 해. 제발 한 번 쓰고 버리라고 말이야. 버려야 또 살 테고 이렇게 소비가 쉬지 않고 이루어져야 기업은 계속 생산할 수 있고 이윤이 생길 테니까.

맞아, 플라스틱 제품이 나오면서 물건을 쓰고 버리는 문화가 자리 잡게 되었어. 만약 플라스틱을 편리하게 쓰면서 동시에 버려진 이후를 생각했더라면 어땠을까? 쓰고 버린 것들이 어디로 가서 어떤 형태로 남겨질지 그리고 그게 되돌아 우리에게 피해를 줄 거라는 생각을 그땐 미처 못 했어. 자연 상태에서 쓰레기가 문제를 일으킨 예는 없었거든. 버려진 모든 것은 다 자연으로 돌아갔으니까.

그런데 플라스틱은 자연으로 돌아가지 못했지. 세계에서 가장 깊은 마리아나 해구에서 썩지 않은 비닐봉지가 발견될 정도니까. 아니, 애초 돌아가지 못하도록 만든 게 플라스틱이야. 플라스틱이 자연으로 순환하지 못하면서 쓰레기 문제와 미세플라스틱 문제가 인류에게 큰 재앙이 되었어. 미세플라스틱은 크기 5밀리미터 이하의 작은 플라스틱을 말하는데 해양 오염의 주요 원인으로 떠오르고 있어. 미세플라스틱은 북극이고 알프스고 장소를 가리지 않아. 심지어 지하수에서도 미세플라스틱이 발견되고 있어. 최근에 자연적으로 분해가 되는 생분해 플라스틱에 관한 기술이 개발되면서 자연으로 되돌릴 방법을 찾기 시작했어. 그런데 생분해 플라스틱이 나오면 플라스틱 문제는 말끔하게 해결되는 걸까?

온실가스와 플라스틱

플라스틱을 이야기할 때 흔히 쓰레기 문제를 자연스레 연관 짓지만, 온실가스 문제를 떠올리는 사람은 의외로 많지 않은 것 같아. 플라스틱의 원료는 원유야. 원유, 하면 자동차 연료인 휘발유는 떠올려도 플라스틱으로 만든 예쁜 물건을 연상하기란 쉽지 않지. 기후 문제를 이야기할 때도 대안으로 재생 에너지는 많이들 얘기하지만 플라스틱 소비를 줄이자는 얘기는 생각보다 적어. 사실 플라스틱에서 배출되는 온실가스가 자동차나 에너지에 비해 턱없이 적긴 해. 문제는 플라스틱 소비량이 증가하면서 온실가스 배출량도 함께 증가한다는 거야.

지난 2015년에 플라스틱에서 배출된 온실가스 비중은 전 세계 배출량의 3.8퍼센트였어. 하지만 세계 인구에 비례해 플라스틱 소비도 계속 증가할 수밖에 없을 테고, 2050년이 되면 15퍼센트까지 늘어날 거라고 예측하고 있지. 지구가 뜨거워지고 있다는 건 이미 알고 있을 거야. 현재 지구의 평균 기온은 지난 100년 동안 약 1도 상승했어. 이 정도 올랐는데도 우리나라의 2018년 여름은 40℃ 가까이 오른 폭염이 이어졌고 2020년에는 무려 54일 동안 긴 장마가 이어지는 등 이상 기후가 발생했지. 과학자들은 인류가 배출하는 온실가스 양에 따라 미래 지구 환경이 어떻게 될지 예측하는 몇 가지 예상 시나리오를 만들기도 했어.

이 가운데 가장 비극적인 건 우리가 온실가스 배출을 줄이려는 노력을 전혀 하지 않고 지금처럼 소비할 때 맞이하게 될 미래의 모습이야. 지구의 평균 기온은 한 번도 인류가 살아본 적 없는 기온으로 치솟을 거라는 예측이 있거든. 기후 과학자들은 지구 평균 기온이 산업혁명 이전보다 1.5℃ 이상 오를 경우, 지구의 기후는 마치 고삐 풀린 망아지처럼 예측할 수 없는 경로로 마구 치달을 거라고 해. 지구가 복잡계라는 이야기를 앞에서 했지? 육지, 바다, 빙하 등 많은 것들이 서로 연결돼 있기 때문이야.

플라스틱 제품을 만들기 위한 원료인 수지 생산 단계에서 61퍼센트, 가공 단계에서 30퍼센트, 태우는 등의 영구 폐기 단계에서 9퍼센트가 배출돼. 플라스틱을 만드는 과정에서 가장 많은 온실가스가 나오니 생산을 덜하면 배출량을 줄일 수 있겠지?

오늘날 생산되는 플라스틱의 절반가량은 포장재를 비롯한 일회용 플라스틱으로 쓰여. 요구르트, 주스, 두부, 샴푸, 생수, 빨대, 일회용 컵 등 뭔가를 담는 포장재로 쓰이고 나서 곧장 버려지지. 물건을 담으려 또 생산해야 하니 플라스틱 쓰레기는 계속 증가하는 악순환일 수밖에 없어. 플라스틱 쓰레기뿐 아니라 플라스틱 제조 과정에서 나오는 온실가스를 모두 줄이려면 일회용 제품을 최대한 덜 만들고, 쓰고 난 플라스틱을 최대한 재활용해야겠지.

재활용은 집에서 많이들 해 봤지? 한 가지 물어볼게. 내부에 기름기가 잔뜩 묻은 플라스틱 제품은 어떻게 분리배출 하고 있니? 기름기나 오물이 묻은 비닐봉지는? 우리나라는 재활용 분리수거 시스템을 일찌감치 도입했는데 문제는 분리배출을 제대로 하지 않는다는 거야. 내용물을 깨끗이 씻고 플라스틱 통에 붙은 종이 라벨도 깨끗이 떼어 낸 뒤 분리배출 해야 하지만 내부를 씻고 라벨을 제거하는 일은 너무 귀찮고 번거로워. 겨우겨우 잘 뜯고 씻어 내놓아도 문제는 또 있어. 겉보기에는 다 같은 플라스틱으로 보이지만 재질은 제각각일 수 있거든. 플라스틱 재질은 수백 가지도 넘는데 가장 많이 쓰이는 재질은 다섯 가지야(PE, PP, PS, PET, PVC). 이렇게 다양한 재질이 섞이면 저마다 녹는 온도가 달라서 재활용에 어려움이 생겨. 성질도 재질에 따라 다르기 때문에 서로 다른 재질이 섞이게 되면 재생 원료의 품질이 떨어지기도 해. 듣기만 해도 벌써 어렵다고? 그러면 어떻게 해야 할까?

소비자에게 분리배출을 잘하라고만 강요할 수는 없어. 기업이 제품을 생산할 때부터 재활용이 쉽도록 만들면 돼. 재질 표시를 알아보기 쉽게 해 두면 분리배출도 제대로 할 수 있어 재활용률을 높일 수 있지. 라벨은 제거하기 쉽도록 절취선을 마련하는 것도 한 방법이야. 라벨을 없애고 한 가지 재질로 만든 생수 페트병도 등장했어. 재활용률이 훨씬 올라가겠지. 그렇지만 '친환경 생수병'이란 수식어가 붙으면서 매출이 껑충 뛰었대. 그런데 말이야, 나는 궁금해져. 과연 이게 진정한 친환경일까? 투명 페트여서 재활용이 쉬워진 건 사실이지만 그렇기 때문에 마음껏 소비를 해도 된다는 건 아니야. 재활용은 최소

한의 소비를 전제로 해야만 해. 엑손모빌(5.9퍼센트), 다우케미칼(5.6퍼센트), 시노펙(5.3퍼센트)······. 이게 뭔지 짐작이 가니? 2019년 한 해 동안 바다에 버려지거나 매립되는 플라스틱 쓰레기의 약 55퍼센트가 스무 개 기업에서 발생했는데, 가장 많이 배출한 기업의 이름이야. 모두 석유화학 기업이고 괄호 안의 퍼센트는 플라스틱 쓰레기 배출 정도를 나타내고 있어.

전 세계 플라스틱 쓰레기의 절반이 스무 개 기업에서 나온다는 사실, 놀랍지 않니? 더 놀라운 건 100개 석유화학 기업이 전 세계 플라스틱 쓰레기의 90퍼센트 이상을 생산해. 결국 생산을 줄여야 하는데 과연 기업이 이윤을 포기하고 과잉 생산을 줄이려고 할까? 기업의 생산 구조를 바꾸려면 누가 움직여야 할까?

란싱크의 사다리

일본은 무척 까다로운 분리배출 제도를 실시하고 있어. 분리배출한 재활용품이 깨끗하게 세척된 상태가 아니면 수거하지 않거든. 또 일본은 대부분의 페트병이 투명해. 1990년대부터 재활용에 관심을 갖고 이렇게 엄격하게 재활용을 하고 있지. 우리나라에는 페트병에 색이 입혀진 게 많은데 이 경우 투명 페트병에 비해 재활용이 쉽지 않아. 이제 우리나라도 투명 페트병만 따로 모으기 시작했어.

또 다른 사례도 살펴볼까? 네덜란드는 세계 최고 수준의 친환경 에너지 기술력을 갖춘 나라야. 네덜란드의 생활 폐기물 가운데 64퍼센트는 재활용되고 34퍼센트가 소각되며 나머지 2퍼센트를 매립한다고 해. 네덜란드는 이산화탄소 배출량을 줄이기 위해 1994년 '란싱크의 사다리'라는 정책을 발표했고 꾸준한 노력 끝에 이런 결과를 가져왔어. 쓰레기를 가능한 줄이고 재활용을 통해 자원을 보존하자는 거야. 그래도 발생하는 쓰레기는 태워서 전기를 생산하는 데 쓰고 최종적으로 남는 것만 매립한다는 내용이지.

정책이 달라지면 기업도 바뀔 수밖에 없어. 란싱크는 네덜란드의 정치인 이름이란다. 정부가 올바른 정책을 추진하고 기업을 변화시키려면 결국 환경에 관심 있는 정치인이 필요할 것 같지?

옷장에서 탄소가 배출된다니!

코로나19로 집에 있는 날이 많아지면서 사람들의 소비에도 변화가 생겼어. 일단 바깥으로 다닐 일이 줄어드니까 외모를 꾸미는 데 들어가는 지출이 줄었다고 해. 가령 옷이나 화장품 같은 걸 사는 비용 말이야. 쇼핑이나 외식, 해외여행 등으로 지출되는 소비가 줄어드는 대신 '집콕' 소비가 늘어났어. 집에서 밥을 먹는 횟수가 많아지니까 식비에 들어가는 비용이 증가하고 가전제품 소비도 많아졌다고 해. 보여 주는 소비보다 삶의 질을 높이는 쪽으로 소비가 바뀌었다는 얘기야.

사람들의 소비 패턴이 바뀌었다는 뉴스를 들으며 문득 이런 생각이 들었어. 그렇다면 이제껏 우리가 해 오던 소비는 과연 누구를 위한 것이었을까 하는 생각. '남에게 보여 주는 소비로 환경에 부담을 줬다면 우리의 삶은 제대로 된 방향으로 가고 있던 걸까' 하는 질문이 떠올랐거든. 소스타인 베블런이라는 경제학자 이름을 딴 '베블런 효과'라는 게 있어. 비싼 물건일수록 잘 팔리는 현상을 뜻하는 경제 용어야. 언뜻 들으면 말도 안 되는 얘기 같지? 그런데 값비싼 명품은 코로나19로 경기가 어려운 상황에서도 여전히 잘 팔린다는 뉴스를 접하고 보니 틀린 말이 아닌 것 같아. 이런 게 바로, 남에게 보이는 과

시형 소비의 전형이 아닐까 싶어.

우리 사회는 점점 누가 어떤 브랜드의 가방을 들고 어떤 메이커 옷을 입고 무슨 신발을 신었는지를 기준으로 사람을 평가하는 것 같아. 자동차를 고르는 기준도 비슷해. 안전하고 승차감 좋은 차를 사려던 기준이 차에서 내릴 때 사람들이 와, 하며 부러운 눈길로 쳐다볼 수 있는 비싼 고급 자동차로 바뀌었대. 그걸 '하차감'이라고 비틀어 얘기한다고 해. 한마디로 '웃픈' 현실이지.

옷장에서 탄소가 나온다고?

코로나19로 외출할 일이 드물어지면서 옷 소비가 줄었다고는 하지만 여전히 집에서 가장 큰 부분을 차지하는 가구는 옷장일 거야. 패션 모델이나 연예인들처럼 특별히 옷이 많이 필요한 직업을 가진 사람들에게나 있던 옷 방이 이제는 일반 가정에도 생기고 있어. 따로 옷을 위한 방을 둬야 할 만큼 옷이 많아졌다는 얘기인데, 그렇다면 옷은 왜 이토록 많아졌을까?

무엇보다 유행이 빨리빨리 바뀌기 때문이야. '패스트 패션'이라는 말이 생긴 것도 그런 이유지. 아무리 유행이 빨리 바뀌어도 가격이 비싸다면 옷을 유행 따라 계속 살 수 있을까? 빠른 속도로 유행이 바뀌면서 그만큼 옷값도 싸졌기 때문에 옷이 많아졌다고 볼 수 있어. 그런 점에서 패스트 패션은 일회용 패션인 것 같아. 유행일 때 한철 입고 다시 입지 않는 그런 옷들이 대부분이니까. 이런 이유로 패스트 패션하면 넘쳐나는 옷에서 비롯된 의류 쓰레기 정도만 문제로 생각하는 경향이 있어.

그런데 옷장이든 옷 방이든 그곳에서 탄소가 배출되고 있다는 사실, 알고 있니? 옷장에서 연기도 안 나오는데 무슨 탄소 배출이냐고? 옷장에서 탄소가 나오지 않아도 옷장 속에 있는 옷이 만들어지는 과정에서 탄소가 배출되거든. 물건이 만들어지는 과정을 우리가 보지 못하기 때문에 그 과정에서 어떤 일이 벌어지는지 굳이 알려고 하지 않으면 알 수가 없어.

자, 머릿속으로 네가 가장 좋아하는 옷을 하나 떠올려 봐. 나는 10년쯤 전에 산 빨간색 긴 팔 티셔츠를 무척 아껴. 가슴에는 파란색과 흰색 보석으로 'Diva'라고 큼지막하게 글자가 박혀 있는데 여신이라는 뜻이야. 보석은 물론 가짜지! 이 글자가 있어서 더 멋지게 느껴지는 건지도 몰라. 팔에는 갈색 실로 바느질이 두 줄 되어 있어. 이 옷을 아껴 입느라 세탁기 대신 언제나 손빨래를 해. 그래서 10년이나 됐는데도 아직 말짱한

편이야. 목 뒤 안쪽에 있는 라벨에는 이 옷이 100퍼센트 면으로 만들어졌고 중국에서 생산되었다고 적혀 있어. 자, 같이 생각해 보자. 면은 어디서 어떻게 재배되어서 옷을 만드는 원료가 되었을까?

흔히 면이라고 하면 친환경일 거라고 막연히 생각해. 목화송이가 떠오르고 농장이 떠오르니까 그런 것 같아. 면은 물을 잘 흡수하고 질겨서 실용적인 데다 친환경의 이미지마저 있어서 속옷, 양말, 이불 등 피부에 직접 닿는 의류 재료로 많이 쓰이지. 그런데 면은 정말 친환경일까?

전 세계에서 생산되는 면화 가운데 겨우 1퍼센트만 유기농으로 재배해. 잘 알려지지 않은 한 가지는 면화 농업이 농업 중에서 가장 많은 살충제와 농약을 사용한다는 사실이야. 농약과 살충제의 원료는 대부분 석유로 만들어. 뿐만 아니라 면화를 대량으로 생산하는 곳은 농장이야. 농장에서 농사짓느라 사용하는 트랙터며 다양한 농기구는 모두 석유가 있어야 움직일 수 있어.

전 세계 섬유로 가장 많이 쓰이는 것은 합성 섬유야. 전체 섬유 가운데 70퍼센트를 차지하지. 지금 네가 입고 있는 옷 라벨을 확인할 수 있다면 한번 살펴볼래? 순면 제품이 아니라면 '폴리에스터' '나일론' '아크릴' 이런 글자를 보게 될 거야.

합성 섬유 가운데 80퍼센트 정도가 폴리에스터야. 폴리에스터가 가장 많이 쓰이는 이유는 질기고 구김이 적은 데다 물에 젖어도 빨리 마르고, 무엇보다 싸거든. 플라스틱이라고 하면 일회용 컵을 쉽게 떠올리는데 합성 섬유도 플라스틱이야. 플라스틱 생산량 가운데 15퍼센트가 합성 섬유를 만드는 데 쓰이거든. 이쯤 되니 왜 옷장에서 탄소가 배출된다고 하는지 이해가 좀 가지?

유형 따라 옷을 입어야 할까?

그러니까 옷을 만드는 원료에서 이미 탄소 배출이 시작되는 거야. 패스트 패션으로 일회용이 돼 버린 옷은 당장은 아니어도 결국 버려질 텐데, 도대체 얼마나 많은 옷을 생산하고 버리는 걸까? 순환경제연구 전문기관인 '엘런 맥아더 재단'에서 조사한 자료를 보면 2000년에 500억 벌도 채 안 되던 세계 의류 판매량이 2015년에는 1000억 벌이 넘으면서 두 배 이상 늘었어. 그 사이 인구는 10억 명이 증가했는데도 말이야.

이 재단에서 조사한 내용 중 특히 눈여겨봐야 할 데이터가 있어. 구입한 옷을 다시 입는 비율인데, 15년 사이에 30퍼센트 정도 줄었어. 즉, 사 놓고 입지 않는 옷의 비율이 증가했다는 얘기야. 일회용 옷이라는 말이 실감나지? 국제환경단체인 그린피스 자료에 따르면 전 세계에는 해마다 9200만 톤이나 되는 섬유 폐기물이 쏟아져 나오고 있어. 많이 생산하고 많이 소비하고 더는 입지 않으니 폐기물이 늘어날 수밖에 없겠지. 그렇다면 폐기물을 줄이기 위해서 우리는 뭘 할 수 있을까?

첫 번째는 당연히 소비를 줄이는 거지. 유행은 계속 바뀌는데 유행이 지난 옷을 어떻게 입느냐고? 네덜란드, 독일 등 유럽에서는 '리페어 컬처' 즉, 낡고 오래된 물건을 고쳐 쓰는 문화가 번지고 있어. 가령 유행이 지난 옷을 나만의 개성을 살려 리폼해서 입는 거야. 유행 따라 옷을 입을 것인가, 아니면 더 이상 지구가 뜨거워지는 걸 막을 것인가. 두 가지 가운데 선택은 너희 몫이야.

옷이 꼭 필요하다면 사야겠지. 옷을 사면 언젠가는 버려질 텐데, 만약 폐기하지 않고 재활용이 가능하다면 어떨까? 더는 입지 않는 옷이 다시 순환할 수 있도록 하려면 옷을 살 때 고려해야 할 점이 몇 가지 있어. 일단 어떤 섬유로 만들어졌는지 확인해야 해. 천연 섬유와 합성 섬유가 섞여 있으면 재활용이 어려워. 같은 합성 섬유라 해도 여러 종류가 섞여 있으면 역시 재활용이 되지 않고 버려져. 내가 아끼는 티셔츠에 반짝이는 보석이 붙어 있는데, 장신구가 붙어 있을 경우 역시 재활용이 어려워. 그러니까 버리기 전에 미리 제거해야 하고 가능하면 장신구가 붙지 않은 옷을 사야 해. 나도 그땐 미처 몰랐거든.

또 한 가지, 버려질 옷이 재활용이 될 때는 같은 품질이 아닌 '다운사이클링'이라고 해서 더 낮은 품질로 만들어져. 그러니까 이왕 사는 거 좋은 재질로 만든 옷을 사서 관리를 잘하며 오래 입는 것도 좋은 방법이지. 면제품을 구입할 거라면 유기농 면으로 만든 옷을 사는 것도 환경을 생각하는 실천이야. 유기농 면이 비싸다는 사람도 있던데 싼 티셔츠 세 장 살 돈으로 유기농 면으로 만든 티셔츠 한 장을 산다면 어떨까?

녹색가게와 같은 중고 가게를 이용해 볼 수도 있어. 핀란드에는 중고 가게가 넘치도록 많아. 핀란드 사람들이 우리보다 경제 수준이 낮아서 중고 가게를 이용하는 걸까? 그건 아니잖아. 재활용에 대해 좀 더 열린 생각과 실천을 해 나가면 좋겠어. 버려지는 물건의 이용 기간을 늘린다면 지구가 뜨거워지는 걸 늦출 수 있지 않을까? 구슬이 서 말이어도 꿰어야 보배라는 말이 있지? 아무리 좋은 방법이 많아도 실천하지 않는다면 무슨 의미가 있겠어.

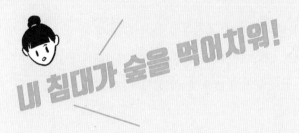

내 침대가 숲을 먹어치워!

동네에 치킨 가게가 있었는데, 통 장사가 안 되었던지 어느 날 홀연히 문을 닫더라. 한동안 '임대'라는 종이가 문 앞에 붙어 있었어. 그러더니 그 자리에 새로운 간판이 달리고 곧 카페가 들어온대. 공사하는 첫날, 가게 앞에 쓰레기가 잔뜩 쌓인 걸 봤어. 새 인테리어를 하려고 치킨 가게 내부를 뜯어서 내놓은 것 같았어. 치킨 가게가 문을 연 지 1년이나 됐을까? 내부를 꾸몄던 인테리어 자재들이 순식간에 쓰레기가 되어 바깥에 쌓인 걸 보는데, 기분이 유쾌하지 않았어. 만약 새로 연 카페가 문을 닫게 되면 비슷한 쓰레기가 또 나오겠다 싶었거든. 버려지는 쓰레기도 문제고 그걸 만드느라 재료며 시간이며 들어간 에너지는 또 얼마나 많겠어. 특히 나무가 많던데 그게 너무 아까웠거든.

나무도 한때 숲의 일원이었을 텐데 도시에 와서 쓰레기가 되었다 생각하니 마음이 착잡했어. 플라스틱이 넘쳐 나는 시대라지만 가구나 인테리어에는 여전히 나무가 대세야. 만약 내가 쓰는 가구가 전 세계 숲을 엄청나게 없애고 있다면 그걸 알면서도 쉽게 가구를 바꿀까? 옛 사람들은 딸을 낳으면 오동나무를 심었대. 그래서 딸이 자라 결혼할 나이가 되면 그 오동

나무를 베어 가구를 만들었다고 해.

나무는 공장에서 물건을 찍어 내는 게 아니기에 자라서 목재로 쓰일 때까지 시간이 오래 걸려. 옛 사람들은 한번 가구를 만들면 대를 이어 오래오래 썼어. 새로 만들 가구는 미리 나무를 심어서 준비했고. 이런 게 지속 가능한 삶 아닐까? 자기가 쓸 가구를 만들기 위해 미리 나무를 심었다는 사람을 나는 만나 본 적이 없어. 도시의 건물을 채운 수많은 가구는 대체 어느 숲에서 어떤 과정을 거쳐 온 나무로 만든 걸까?

세계적으로 유명한 스웨덴 가구 기업이 있어. 북유럽풍 디자인도 멋지고 가격도 생각보다 비싸지 않아서 많은 사람들의 사랑을 한 몸에 받고 있지. 우리나라에도 여러 도시에 매장이 있다고 해. 전 세계에 상업용으로 공급되는 목재의 1퍼센트를 이 기업이 가구 만드느라 소비하고 있어. 한 기업이 해마다 이렇듯 엄청난 목재를 소비하다니 놀랍지 않니? 나름의 이유는 있어. 가구를 비교적 싼값으로 만들다 보니 오래 쓸 수 없는 제품이 되고 계속 멋지고 세련된 제품을 생산해서 소비자들이 갖고 싶게 만들지. 마치 패스트 패션이 일회용 옷이 돼 버린 것처럼 말이야.

가구를 만들기 위한 원목은 스칸디나비아, 폴란드, 독일, 리투아니아, 프랑스 등 유럽 여러 나라뿐만 아니라 러시아, 중국,

동남아시아에서도 수입하고 있어. 가구 기업은 무단으로 벌목하는 곳의 숲을 보호하기 위해 관련 환경단체와 협정을 맺고 불법으로 벌목된 목재를 사용하지 않으며 벌목을 하고 다시 나무를 심는 노력도 한다고 해. 그렇지만 아무리 나무를 다시 심는대도 나무가 울창한 숲이 되기까지 수십 년의 시간이 필요하잖아. 사실상 숲을 원래 상태로 되돌려 놓는 건 불가능해.

우드와이드웹

www는 월드와이드웹이잖아. 그런데 www에는 다른 뜻도 있어. '우드와이드웹(wood wide web)'이라고 들어 봤어? 나무들도 서로 네트워크를 가지고 있어. 아무래도 요즘은 네트워크가 대세인가 봐! 월드와이드웹은 100년도 채 안 되는데 우드와이드웹은 무려 5억 년이나 된 네트워크야. 엄청나지?

정확히 말하면 나무들이 네트워크로 연결돼 있다기보다 나무에 영양분을 주고받으며 공생하는 땅속 균류의 네트워크야. 이 지하 네트워크에 관해 스위스 크라우더연구소과 미국 스탠퍼드대학교에서 공동으로 연구한 내용이 2019년 과학 잡지 《네이처》에 실렸어. 이 연구로 우리는 발밑 세계를 비로소 이해하기 시작했지. 모든 숲에 있는 나무와 식물을 땅속 균류와 박테리아가 복잡하게 연결하고 있다는 사실을 알게 됐으니까.

뿌리 주변에 살고 있는 균류들의 네트워크, 다시 말해 우드 와이드웹이 제대로 작동할 때 나무는 잘 자랄 수 있어. 나무가 잘 자란다는 것은 왕성하게 광합성을 하고 양분을 만든다는 뜻이고 그러니 탄소 흡수원으로서 역할을 잘한다는 의미야. 다시 말해 뜨거워지는 지구를 탁월하게 조절한다는 얘기지. 그러나 기온이 올라가면 균류들의 활동이 둔화된대. 기후 변화가 균류 네트워크에 영향을 미친다는 뜻이야. 뿐만 아니라 벌목을 하게 되면 이 네트워크가 깨져 버린다고 해. 지역마다 살고 있는 미생물은 서로 다른데 벌목 후 이런 네트워크를 제대로 복원할 수 있을까?

지구에서 거주 가능한 면적의 37퍼센트 정도를 차지하고 있는 숲은 단순히 나무로만 이루어져 있지 않아. 그곳에 살고 있는 다양한 동물들, 거기에 더해 땅속 균류들의 네트워크까지 긴밀히 연결되어 있는 공간이야. 그리고 그런 네트워크가 잘 작동해야 탄소를 흡수하는 일도 원활히 이루어져. 이러한 사실을 알고 나면 벌목이 결코 간단한 문제가 아니라는 걸 깨닫게 돼. 나무야 새로 심는다지만 땅속의 엄청난 네트워크는 뚝딱 만들어질 수 없는 일이니까.

숲의 기능

뜨거운 여름날 숲에 들어가면 시원함이 느껴지지? 나무가 땅에서 물을 빨아들여 잎에 있는 숨구멍을 통해 물을 내뿜기 때문이야. 나무도 기온이 높을 때는 사람처럼 물을 많이 마시거든. 이렇게 수증기가 증발하면서 주변 온도를 떨어뜨리니, 기온을 완화하는 데 도움이 되지.

비는 나무줄기를 타고 흘러내려 땅속으로 스며들어 가. 우드와이드웹이 잘 이루어진 땅이라면 빗물은 마치 스펀지가 물을 빨아들이듯 토양층으로 쑥쑥 잘 스며들 거야. 촘촘하게 뻗어 간 뿌리 주변의 흙은 물 저장 탱크와 같은 역할을 하거든. 이렇게 스며든 물 가운데 일부는 다시 나무가 빨아올려 갈증을 해소할 것이고, 남은 물은 그대로 지하로 서서히 스며들며 지하수가 되는 거야.

오래된 나무는 줄기에 이끼가 많아. 이끼는 대략 자기 몸의 다섯 배나 되는 물을 저장할 수 있어. 숲이 이렇게 물을 조절해 주니 홍수를 방지하고 물을 저장하는 녹색 댐이라 할 만하지? 그런데 날씨가 너무 더우면 나무도 물을 많이 소비해. 폭염이 한 달 이상 계속된다면 나무는 수분 부족에 시달리게 되고 땅속에 저장해 둔 물도 바닥이 날 수 있어. 우드와이드웹은 나무들에게 물을 아껴 쓰라고 주의를 줄 거야. 이제 나무는 물 소비를 줄이기 위해 잎을 누렇게 만들어 떨궈. 가뭄을 견디기 위해 어쩔 수 없는 선택을 하는 것이지. 폭염이 끝나도 나무는 다음 해 봄까지 잎을 새로 낼 수가 없어. 광합성을 할 수 있는 공장이 줄어들게 된 거야.

2021년 《네이처》에 실린 브라질 국립우주연구소 과학자들의 연구에 따르면 숲 벌채와 점점 따뜻하고 건조한 기후로 아마존의 20퍼센트에 해당하는 남동쪽 숲이 탄소 흡수원에서 탄소 배출원으로 역전되었어. 대기 중 탄소 농도가 올라가서 폭염은 더 길어지고 나무도 폭염으로 힘들어지니까, 한마디로 악순환인 거지. 유엔식량농업기구(FAO)의 보고서에 따르면 전 세계 숲의 약 절반만이 아직은 "상대적으로 손상되지 않은 상태"라고 추정하고 있어. 2019년의 한 연구에 따르면 숲 파괴와 관련 있는 온실가스 배출량 중 29~39퍼센트가 국제무역 때문이라고 해. 숲이 사라지는 곳은 대부분 저개발 국가들이지만 숲을 없애면서 생산한 상품들을 소비하는 곳은 대개 부자 나라들이거든.

숲이 사라지는 또 한 가지 중요한 원인은 종이야. 미세플라스틱이 우리 몸에 안 좋은 영향을 끼친다는 게 알려지면서 플라스틱이 종이로 바뀌는 추세야. 그런데 플라스틱을 종이로 바꾼다고 해서 그게 과연 '친환경'일까?

종이, 분리배출, 재활용의 순환

종이를 만드는 과정은 먼저 벌목한 나무를 잘게 조각으로 자른 뒤 펄프를 만들어. 기계적인 방법으로 나무를 잘게 잘라 펄프를 만들기도 하지만 화학 처리를 통해 펄프로 만들기도 해. 만들어진 펄프는 대개 표백을 하거든. 이때 많은 화학 약품이 사용돼. 표백 처리한 펄프는 물기를 빼고 종이가 되는 거야.

종이 제작 과정에서도 에너지가 많이 쓰이고 화학 약품도 많이 들어가. 이 과정에서 온실가스 배출도 당연히 발생할 수밖에 없어. 그러니 종이로 만든 물건을 과연 친환경이라 부를 수 있는지 생각해 볼 필요가 있겠지? 종이 때문에도 숲이 사라지고 있으니까.

그렇다면 대체 어떻게 해야 할까? 무엇보다 분리배출을 잘해야 해. 신문은 신문끼리, 박스는 박스끼리 말이야. 그리고 코팅된 종이, 택배 박스에 비닐 테이프나 운송장 등이 붙어 있을 경우 이런 물질 때문에 재활용이 어려워. 우유 팩을 따로 모아 내놓으라고 하는 건 우유 팩에 코팅이 되어 있기 때문에 별도의 과정을 거쳐 재활용하려는 거야.

분리배출을 잘하고, 재활용이 원활히 이루어지고, 그다음엔 무엇을 실천할 수 있을까? 그래, 덜 사고 아껴 쓰는 거야. 목재에 책정되는 가격에 자연의 노력도 포함될까? 아니, 한 푼도 포함되어 있지 않아. 땅속 네트워크부터 나무의 잎, 나무가 광합성을 하는 데 들인 노력의 대가를 우리는 자연에 되돌려 준 적이 없어. 대가는 돌려주지 못하더라도 우드와이드웹을 망가뜨리는 일만큼은 최소화했으면 좋겠어.

꼭 필요한 가구가 있는데 어떻게 하느냐고? 세상엔 이미 너무 많은 물건이 나와 있잖아. 그러니 새로 사기 전에 중고 물건들 가운데에서 골라 보는 건 어떨까? 쓰던 가구를 고쳐 쓸 수 있다면 더할 나위 없이 좋지. 새로 뭔가를 자꾸 생산하기보다는 고쳐 쓰는 기술이 점점 발전하면 좋겠어. 고쳐 쓰고 중고 물건을 순환시켜 사용하는 것은 나무를 심는 일과 다르지 않아. 벌목을 늦출 수 있는 좋은 방법이고. 꼭 필요한 가구가 있다면 오래오래 쓸 수 있는 튼튼한 가구를 사는 것도 숲을 지키는 일이야.

함께 토론하기: 탄소 배출

1. 일회용 플라스틱 빨대 사용을 금지해야 해!

`찬성` 일회용품은 환경오염의 주범이니까.

`반대` 빨대가 꼭 필요한 사람도 있어.

일회용 빨대를 대체할 창의적인 아이디어, 뭐 없을까?

---

2. 새 옷은 이제 사지 않을 거야!

`찬성` 의류 산업이 세계 온실가스의 10퍼센트를 배출한대.

`반대` 몸이 계속 자라는데?

주변 중고 가게 지도를 만들어 볼까?

---

3. 스마트폰을 수리해서 오래 써야 해!

`찬성` 자원 고갈과 전자 폐기물 문제가 심각해.

`반대` 수리비가 비싸던데?

수리할 권리에 대해 알아보자.

2장

우리가 먹는 것 하나하나가…

많이 먹으려고 급식을 잔뜩 받아 왔는데 생각보다

얼마 못 먹은 경험, 다들 있지? 남긴 음식은 어디로 갈까?

우리가 먹는 음식 하나하나가 환경에 부담을 주고 에너지를 소비하면서

만들어졌다는 사실, 알고 있니? 어디서 어떤 과정을 거쳐

음식들이 식탁에 놓이는지 함께 알아보자.

고기인 줄 알았는데 내 미래라니!

고기를 먹어서 산불이 났다고?

2019년 8월의 어느 날로 기억해. 뉴스를 검색하다가 사진 한 장이 눈에 들어왔어. 인공위성에서 찍은 사진인데 시뻘건 불길이 보였거든. 더운 여름에 불길을 보니 왠지 더 뜨거운 것 같았어. 아마존 열대우림이 불타는 모습이 저 멀리 인공위성에서 찍힐 정도로 화재가 엄청났던 거야. 화재 현장에서 2700킬로미터나 떨어진 브라질 상파울루까지 연기가 실려 왔다니 화재 규모가 어느 정도였는지 짐작이 가지 않니?

2019년은 지구 곳곳에서 산불이 정말 많이도 발생했어. 6개월 이상 불탔던 호주 산불 기억나? 호주 산불만큼 알려지진 않았지만 시베리아와 미국 캘리포니아 산불도 굉장했지. 우리나라 역시 무사하진 못했어. 강원도 고성군 토성면에서 시작된 산불이 속초까지 번졌어. 여의도 면적과 맞먹는 숲이 잿더미로 변했다고 해. 2021년에는 캐나다 브리티시컬럼비아주의 리턴 지역에서 50도에 가까운 폭염 속에 산불까지 발생해 마을의 90퍼센트가 불타 버렸어. 이토록 세계 곳곳에서 산불이 발생하는 이유가 뭘까?

가뭄이 너무 심한 데다 폭염으로 대지가 바싹 말라 버린 상태에서 강풍이 불기 때문이야. 이렇게 자연적으로 발생하는 산불의 가장 큰 원인은 맑은 하늘에서 치는 마른번개로 알려져 있어. 바싹 마른 숲에 내리친 번개로 생긴 불이 강풍으로 번지는 거야. 호주든 캘리포니아든 시베리아든 극심한 가뭄에 시달리는 지역에서 대체로 이런 원인으로 산불이 발생해. 기후 변화가 심해지면서 산불 발생도 점점 빈번해 지는 것 같아.

숲이 불타면서 이산화탄소를 내놓으니 대기 중에 이산화탄소가 증가하겠지? 하지만 이산화탄소를 흡수할 나무는 불에 타서 줄어드니까 지구는 더 뜨거워지는 악순환이 반복돼. 기후 변화가 원인이지만 산불이 일어난 직접적인 원인은 자연 발화야. 그런데 아마존 열대우림의 화재는 달랐어. 사람이 불을 질렀거든. 왜 불을 질렀냐고? 너희 고기 좋아하니? 고기를 좋아하고 고기를 즐겨 먹는 사람들은 브라질 아마존 열대우림의 화재에 일정 부분 책임이 있어. 갑자기 왜 이런 말을 하느냐고? 고기를 먹는 것과 산불이 대체 무슨 관계가 있는지 궁금하지?

자연은 우리에게 무엇일까

깊이 사유하는 사람을 철학자라고 해. 고대 그리스 때부터 철학자들은 자연을 조화롭고 질서가 있으며 살아 있는 유기체로 여겼어. 그래서 자연의 질서를 이해하고 자연과 조화롭게 사는 지혜를 추구했지. 〈모나리자〉라는 그림 알고 있지? 프랑스 파리에 있는 루브르 박물관에 가면 유독 이 그림 앞에만 사람들이 와글와글 모여 있어. 그만큼 유명하다는 뜻일 테지. 모나리자를 그린 레오나르도 다빈치는 르네상스 시대에 살았던 이탈리아 사람이야. 화가이면서 조각가, 발명가, 건축가, 식물학자, 지리학자, 천문학자 그리고 음악가이기도 해. 이런 천재 다빈치도 자연을 살아 있는 유기체로 이해했어.

그런데 망원경이 발명되고 과학이 발전하면서 세계를 이해하는 사람들의 생각은 자연을 서로 조화롭게 연결된 유기적인 것에서 마치 기계처럼 인식하기 시작했어. 점차 과학이 자연을 지배하고 통제하기에 이르렀고 세상을 정신적인 것과 물질적인 것으로 나누었어. 그렇게 자꾸 나누다 보니 자연을 우리가 마음껏 이용해도 되는 원료 공급처 정도로 보게 된 거야.

사람들의 이런 생각은 지구가 우리 공동의 집이라는 인식을 버리고, 그저 무제한으로 개발하고 자원을 꺼내 쓰는 곳으로 여기게 만들었어. 아마존 열대우림이 바로 그런 이유로 불태워지고 있는 거야. 아무런 쓸모없는 숲을 없애고 그곳에 가축에게 먹일 콩 농사를 지어야 훨씬 효율적으로 땅을 활용하는 것이라고 생각하니까. 그런 생각의 밑바닥에는 이윤을 얻으려는 목적이 아주 단단히 자리하고 있어.

먹느냐 마느냐, 그것이 문제?

정확한 날짜는 기억이 나질 않지만 2019년 8월 어느 날 나는 고기를 끊었어. 아마존 열대우림의 화재가 계기가 되었지. 2018년에 비해 2019년에 화재 건수가 84퍼센트나 증가했거든. 숲은 다양한 동식물이 어우러져 살아가는 곳이야. 그 뜨거운 불 속에서 고통스럽게 죽어 갔을 동물들을 생각하니 견딜 수가 없었어. 지구 반대편에 있는 내가 할 수 있는 일이 뭘까 생각하다가 숲을 태운 원인인 고기를 끊기로 결심했던 거지.

축산업에서 발생하는 온실가스는 전체 온실가스 배출량의 적어도 18퍼센트 정도야. 왜 '적어도'라는 표현을 썼느냐면, 고기를 이곳저곳으로 실어 나르느라 배출하는 온실가스까지 포함하면 30퍼센트가 넘거든. 자동차가 배출하는 온실가스가 13퍼센트라고 하니 "소가 자동차보다 더 많이 온실가스를 만든다"라는 말이 있을 정도야. 고기를 먹는 문제는 곧 지구를 뜨겁게 덥히는 일이라는 사실, 조금씩 알게 되니까 불편하니?

알고 싶지 않다고 해도 알아야 하는 게 있어. 왜냐하면 우리 모두의 집인 지구는 오직 하나뿐이니까. 이 지구에서 우리가 계속 살아가려면 지구를 뜨겁게 하는 일을 멈춰야 하니까.

고기를 먹는 일은 생각보다 단순하지가 않아. 지구에서 생산하는 곡물의 3분이 1을 가축 사료로 만든대. 그런데 고기 1킬로그램을 얻으려면 사료가 무려 6킬로그램이나 필요하거든. 지구의 20억 인구는 식량 부족에 시달리는데 말이야. 사료에 쓸 콩을 재배하느라 아마존 열대우림에 불을 지르는 일은 단순히 나무가 사라지는 정도가 아니라 그곳을 불모지로 만들어.

적도 근처에 위치한 열대기후에다 연 강수량이 2500밀리미터일 정도로 비가 많이 와서 '열대우림'이라고 부르거든. 끊임없이 비가 내리니 식물이 잘 자랄 영양분이 흙에 남아 있질 못하고 비에 쓸려 가 버려. 열대우림 토양은 물에 녹지 않는 알루미늄이나 철 같은 성분만 남아 있어서 흙이 붉은 색이야. 열대우림에서 나무는 광합성을 해서 얻은 양분과 토양에 남아 있는 양분을 끌어모아 살아가. 그런데 나무가 사라지니 빛이 그대로 바닥에 닿고, 영양분이 없는 흙은 더욱 단단하게 굳어져서 거대한 벽돌처럼 돼 버려. 벌목을 하고 다시 나무를 심어도 원래 생태계로 돌아가기 어렵다고 했지? 하지만 열대우림은 그조차도 시도할 수 없게 되는 거야. 그럼 콩은 어떻게 심느냐고? 나무를 태운 재가 아직 남아 있는 동안에는 농사가 가능하거든. 그러나 과연 그게 오래갈까? 몇 년이 지나고 나면 그곳은 또다시 불모지가 될 수밖에 없어. 아마존은 지구의 허파라고 하면서 고기를 얻기 위해 허파를 없애는 셈이지.

지구에서 우리가 이용할 수 있는 토지의 절반이 조금 안 되는 면적이 축산업에 쓰여. 기후 변화로 세계 곳곳에서 물 부족을 겪는데 민물의 25퍼센트가 축산업에 쓰이니 고기를 먹는 일이 기후에 어떤 영향을 끼치는지 이해되지 않니? 고기는 아니지만 우리의 먹거리로 숲이 사라지는 이야기는 또 있어. 인도네시아에도 열대우림이 있는데 그곳의 숲이 쫄깃한 면발을 튀기는 팜유를 생산하느라 사라지고 있지. 숲을 없애거나 불을 질러 팜나무를 심거든. 면발만 튀기는 게 아니라 초콜릿, 샴푸, 로션, 바이오매스 등 온갖 공산품을 만드는 데 팜유가 쓰여. 그 숲에만 유일하게 살던 오랑우탄, 피그미 코끼리, 수마트라 호랑이, 나무 원숭이 등이 멸종 위기에 처했지. 동물뿐일까? 조상 대대로 살아오던 그 지역 주민들의 삶도 숲이 사라지면서 뿌리째 뽑혀 버렸어.

우리의 소비가 줄지 않는 한 지구상의 숲은 계속 사라질 테고 그로 인해 고통받는 존재들은 점점 늘어날 수밖에 없을 거야. 지금 이 대목에서 여기저기 반발이 막 일어날 것 같기도 해. "그럼 당장 고기고 라면이고 다 끊으라는 건가요?" 이러면서 말이야. 그럴 리가. 음식을 먹는 것도 하나의 문화인데 어떻게 당장 식습관을 바꿀 수 있겠어. 그건 강요해서 될 문제가 아니야.

공장식 축산과 코로나19

코로나19를 겪으면서 정말 다양한 변화가 생겼지? 일상의 당연한 일들을 할 수 없게 되었잖아. 학교는 공부만 하는 곳이 아니라는 걸 새삼 느꼈을지도 모르겠다. 언제든 친구들과 만나고 어울리는 일이 어려워질 수도 있다는 사실을 깨닫고 좀 끔찍하지 않았니? 우리 삶을 이토록 불편하게 만든 코로나19의 원인은 뭘까? 참 이상한 게, 일이 벌어지면 원인을 찾아야 하잖아. 그래야 문제를 해결할 수 있는데 전 세계가 팬데믹으로 고통을 겪고 있으면서도 정작 코로나19의 원인을 찾으려는 노력은 잘 보이질 않아. 많은 사람들이 백신에 모든 희망을 걸고 있다는 게 너무나 놀라웠어. 백신은 병으로부터 우리를 지켜 줄 수는 있지만 코로나19의 원인을 없애지는 못하거든. 코로나19가 종식이 되면 다시는 팬데믹이 안 생길까?

오늘날 우리가 먹는 소나 돼지, 닭 등은 대부분 공장식 축산으로 길러져. 공장에서 물건을 찍어 내듯 고기를 생산하는 시스템이라고 해서 그렇게 불러. 한 공간에 최대한 많은 동물을 기르면 많은 이익을 낼 수 있지. 그런데 좁은 곳에 많은 동물이 있다 보니 한번 병이 돌면 순식간에 퍼질 가능성이 높아. 고병원성조류인플루엔자를 일컫는 AI, 구제역, 아프리카돼지열병 같은 질병이 돌면 살아 있는 동물들까지 모두 죽이는 살처분을 하잖아. 병이 퍼지는 걸 차단하려고 말이야.

미국 미네소타대학교 글로벌연구소의 진화생물학자인 롭 월러스는 공장식 축산업을 통한 바이러스의 종간 이동과 확산이 동물이 사람에게 옮기는 감염병인 인수공통감염병의 원인이라고 지목했어. 한곳에 수많은 동물을 밀집 사육하니 바이러스가 창궐할 가능성이 높아질 수밖에 없다는 얘기야. 백일해나 폐렴을 비롯해서 중세 유럽 인구를 많게는 절반까지 죽음으로 몰아간 페스트부터 최근 메르스, 사스에 이르기까지 많은 질병들이 인수공통감염병이야. 인수공통감염병은 동물과 사람 사이에 상호 전파되는 병원체에 의해 발생하는 전염병을 말하는데, 이렇게 인간과 동물 사이에 질병이 이동하기 시작한 건 인간이 가축을 길들여 함께 살면서부터라고 해.

지난 50년 동안 고기를 얻으려 사육하는 가축의 수가 소는 두 배, 돼지는 네 배, 닭은 열 배나 늘었어. 50년이라는 시간을 가늠하면 별것 아니라 여길 수도 있을까? 증가한 인구수를 감안해서 1인당 연간 육류 섭취량을 비교해 보면 얘기는 완전히 달라져. 캐나다 식량학자 토니 웨이스의 조사에 따르면, 세계 인구가 30억 남짓이던 1961년에 1인당 연평균 고기 섭취는 23킬로그램, 달걀은 5킬로그램이었어. 그런데 세계 인구가 70억이던 2011년에는 연평균 고기 43킬로그램, 달걀 10킬로그램을 먹어치웠대. 한 사람당 고기 소비가 두 배 가까이 증가했는데 전체 인구도 두 배 이상 증가했다는 건 대체 얼마나 많은 가축을 기르고 먹었다는 걸까? 50년 동안 전 세계에서 도살된 동물은 80억 마리에서 640억 마리로 여덟 배가 늘었어.

마트에 가면 랩으로 포장해 놓은 삼겹살을 보기만 해도 군침이 도니? 그런데 그 고기가 불과 얼마 전에는 따뜻한 피가 흐르던 생명체라는 사실을 생각해 봐. 그 고기를 얻으려고 지구의 허파가 점점 사라지고 있다면? 그 고기를 얻으려고 누군가는 배가 고프다면? 그리고 그 고기를 얻느라 지구가 점점 뜨거워지고 있다면? 그럼 우리는 뭘 할 수 있을까? 일주일에 딱 하루, 고기 없이 살아 보지 않을래? 고기를 먹는 건 어쩌면 우리 미래를 먹어치우는 일인지도 몰라.

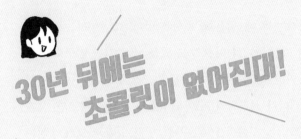

30년 뒤에는 초콜릿이 없어진대!

달콤하고 씁쓸한 초콜릿의 진실

달콤하면서도 쓴맛이 나는 초콜릿을 사람들은 곧잘 인생에 비유하곤 해. 즐겁고 슬픈 일이 교차하는 게 인생이라고 말이야. 공감이 가니? 달면서 동시에 쓴 초콜릿의 매력 때문인지 초콜릿을 싫어하는 사람은 많지 않은 것 같아. 상술이라고 비난받긴 하지만 연인들끼리 초콜릿을 주고받는 날이면 늘 상점과 거리가 북적이더라. 달콤 쌉싸름한 초콜릿과 기후 변화 사이에는 어떤 관련이 있을까?

우리가 먹고 입고 사용하는 모든 것이 실은 기후 문제와 얽혀 있어. 그래서 이 책을 읽다 보면 "대체 뭘 입고 뭘 먹으라는 거야?" 이러면서 화가 날지도 몰라. 화를 낸들 문제는 해결되지 않으니까 마음을 가라앉히고 끝까지 읽어 주면 좋겠어. 혹시 아니? 해결책을 얻게 될지? 그러니 초콜릿 이야기를 좀 더 해 보자. 초콜릿의 기원은 마야 문명으로 거슬러 올라가. 고대 마야인들이 종교적인 의례를 치르면서 초콜릿 음료를 마셨고 아즈텍 사람들은 카카오 콩을 화폐로 사용했다고 해. 오늘날 초콜릿이 전 세계로 퍼지게 된 계기는 16세기로 거슬러 가. 당시 남아메리카로 들어갔던 코르테스를 비롯한 스페인 사람들이 유럽 왕실에 초콜릿을 소개하면서부터야.

초콜릿의 원료인 카카오는 서아프리카에 있는 코트디부아르와 가나에서 70퍼센트 이상 생산되고 있어. 지난 100년 동안 카카오 수요가 꾸준히 증가하면서, 지난 50년 동안 코트디부아르 숲의 80퍼센트가 사라졌지. 숲을 없애고 카카오나무를 심으니 땅이 건강하지 못하고 나무도 잘 자라기 어려워. 몇 년 농사를 짓다가 또 다른 숲을 밀어 버리고 카카오나무를 심고, 이러한 과정을 반복하면서 지속 가능한 카카오 생산이 점점 어려워지게 되었어.

기후 변화로 인한 피해도 현재 진행 중이야. 적도를 중심으로 남북 위도 10도 범위 안에서 카카오가 주로 재배되는데 지속적으로 기온이 상승하고 가뭄이 극심해지다 보니 이 지역이 카카오 재배에 적합하지 않은 환경으로 바뀌고 있거든. 기온이 상승하니까 카카오 재배가 가능한 온도를 찾아 점점 산 위쪽으로 올라가게 될 거라고 과학자들은 얘기하고 있어.

기후 변화와 농업의 관계를 연구하는 과학자 피터 래더라흐 박사는 2013년 카카오 재배와 기후에 관한 논문을 발표했어. 연구를 위해 카카오를 재배하고 있는 294개 지역을 조사했는데 2050년쯤엔 이 가운데 10.5퍼센트 지역만 카카오 생산이 가능할 것으로 나타났어. 앞으로 30년에 걸쳐 카카오 재배 지역이 10분의 1로 줄어든다는 거잖아. 30년 뒤면 너희는 몇 살이 되는 거니? 그때쯤 초콜릿이 너무 귀해서 어릴 적 먹었던 초콜릿을 추억처럼 이야기하게 될까?

가나산 카카오는 있는데 가나산 초콜릿은 없다

코트디부아르와 가나에서 카카오가 주로 생산되지만 사실 초콜릿으로 가장 유명한 나라는 벨기에와 스위스야. 19세기 벨기에 국왕 레오폴드 2세는 지금의 콩고민주공화국인 콩고를 점령해서 사유지로 삼았어. 그런 다음에 카카오 농장을 만들고 지역 주민들을 노예처럼 부리며 카카오나무를 대량으로 재배했지. 초콜릿의 원료가 대량으로 재배되니까 벨기에에서 초콜릿 제조 기술이 발달하지 않을 수 있었겠니? 유명 초콜릿 상표가 벨기에인 까닭이 여기에 있어. 벨기에는 그러는 동안 콩고의 환경을 보존할 생각이나 했을까?

아프리카 지도를 보면 국경선이 자로 그린 듯 반듯해. 나라와 나라 사이의 국경선은 산이나 강을 경계로 하는데 어떻게 그럴 수 있을까?

자로 그렸으니까! 유럽 열강의 식민지였다가 독립하는 와중에 국경선이 그렇게 된 거야. 그러다 보니 서로 다른 부족이 같은 나라로 묶이기도 했어. 부족이 다르니 문화도 다르고 언어도 다른데 말이야. 아프리카에서 내전을 비롯한 분쟁이 잦은 이유가 이런 이유와 관련이 깊어. 아프리카를 생각할 때마다 마음이 슬퍼지는 이유이기도 해.

카카오를 생산하는 나라의 아동 노동에 대해 들어 봤니? 초콜릿의 원료인 카카오 농장에서 일하면서도 초콜릿 맛을 모르는 사람들에 대해서는? 전 세계 카카오의 60퍼센트 이상을 생산하면서도 코트디부아르와 가나는 너무나 가난한 나라야. 그런데 카카오로 초콜릿을 만드는 기업들은 엄청난 이윤을 남기고 있어.《찰리와 초콜릿 공장》이라는 동화 알지? 영화로도 만들어져서 아마 많이들 봤을 거라 생각해. 거기 보면 윙카 씨의 초콜릿 공장에 움파룸파족이 나와. 룸파랜드에 살고 있는 이들은 카카오를 배불리 먹어 보는 게 소원인데, 윙카 씨가 이들에게 카카오를 마음껏 먹게 해 주겠다며 초콜릿 공장으로 데리고 오거든. 그렇지만 움파룸파족은 초콜릿 공장에서 온종일 초콜릿 만드는 일만 해야 했어. 윙카 씨는 엄청나게 돈을 벌었지만 말이야.

이 동화는 오늘날 카카오를 생산하는 나라와 초콜릿을 파는 기업을 빗댄 이야기 같아. 카카오를 재배하는 일은 너무나 고된 노동인데 그런 노동에 비해 카카오 값은 터무니없이 싸거든. 초콜릿 판매 수익 가운데 카카오를 재배한 농민에게 돌아가는 이익은 6.6퍼센트. 반면 초콜릿을 만드는 기업과 무역업자가 가져가는 이익은 80퍼센트가 넘어. 왜 이런 불공정한 일이 일어나는 걸까?

초콜릿을 생산하는 미국과 유럽의 기업들이 카카오 생산국들이 초콜릿 생산국이 될 수 없도록 무역 장벽을 만들었기 때문이야. 차별적인 관세 정책을 편 것이지. 관세란 상품이 국경을 통과할 때 부과하는 세금이야. 카카오 열매 같은 원료에는 관세를 붙이지 않아서 자국의 초콜릿 산업이 큰 이익을 보게 하는 반면에, 원료를 이용해서 만든 가공품인 초콜릿에는 엄청난 관세를 붙였어. 코트디부아르나 가나와 같은 카카오 산지에서는 초콜릿을 생산할 수 없게 만들었지. 코트디부아르산 코코아, 가나산 코코아는 있어도 코트디부아르산 초콜릿이나 가나산 초콜릿이 없는 이유가 바로 여기에 있어.

이런 거대 국가들의 횡포를 알게 되면 어떤 생각이 드니? 카카오 가격 또한 터무니없이 싸다 보니 사람 손을 많이 필요로 하는 농장에서 사람을 고용할 수가 없어. 뼈 빠지게 일을 해도 가난에서 벗어날 수 없는 거야. 그래서 인신매매로 팔려 오는 어린이들을 농장에서 일꾼으로 쓰게 된단다. 이걸 농장 주인의 잘못으로만 몰아갈 수 있을까?

미국을 떠올리면 디즈니랜드 혹은 자유의 여신상이 떠오르니? 그럼 아프리카는? 아프리카라고 하면 너희는 뭐가 가장 먼저 떠올라? 나는 물동이를 이고 물을 구하러 가는 여자 어른과 아이들 행렬이 떠올라. 아프리카는 가뭄이 극심하고 분쟁과 난민이 가장 많은 지역이야. 식량이 부족해서 많은 사람들이 굶주림에 처한 곳이기도 하지. 사하라사막 남쪽에 동서로 길게 걸쳐진 지역을 사헬 지역이라 불러. 이 지역에 1970년대와 1980년대에 극심한 가뭄으로 수많은 사람과 가축과 숲이 사라졌어. 경제 상황이나 환경이나 모두 상당한 위기였지. 사하라사막이 기후 변화로 인해 해마다 남쪽으로 자꾸 넓혀졌으니까.

알제리의 경우 산림 면적이 국토의 1퍼센트도 채 남지 않았어. 에티오피아의 경우 국토의 절반이 산림이었지만 2.5퍼센트 정도 남게 되었지. 숲이 사라지니 물 부족에 더욱 시달릴 수밖에 없었어. 물이 부족해지자 흉년이 반복되고 사람들은 기아에 시달렸고. 이렇게 사막화가 심각해지면서 사헬 지역 주민 2000만 명이 기아에 직면할 거라고 유엔식량농업기구가 전망하기에 이르렀어. 이때 손 놓고 비극을 맞지 말자며 아프리카 20여 개 나라가 사하라사막 남쪽 지역에 숲의 장벽을 만들기로 합의해. 아프리카 서쪽 끝에 있는 세네갈부터 동쪽 끝의 지부티에까지 폭 15킬로미터, 길이 7775킬로미터에 이르는 장벽이야. 이는 중국의 만리장성보다 무려 1300킬로미터나 더 긴 숲의 장벽을 세우는 계획이야. 숲 장벽 프로젝트는 유엔과 여러 기관에서 경제적인 도움을 주면서 황폐화된 땅들이 살아나기 시작하고 있어. 숲이 있어야 물이 있고 그래야 농사도 가능하다는 걸 알았던 거지.

기후 변화로 인해 자기가 살던 곳을 버리고 떠나는 사람들을 기후 난민이라 불러. 사헬 지역에 기후 난민이 얼마나 많았겠니? 그런데 숲이 생겨나면 사람들이 더는 떠나지 않을 수도 있어. 숲에서 일자리도 만들어질 테니까 말이야. 2030년까지 숲의 장벽 프로젝트는 계속될 예정이라고 해.

자, 초콜릿 이야기를 시작으로 숲의 장벽 프로젝트까지 소개했어. 이러한 이야기를 꺼낸 까닭은 우리나라를 비롯해서 잘사는 나라들이 아프리카에 대해 공통의 책무가 있다는 점을 말하고 싶어서야. 기후 변화로 가장 먼저, 가장 많은 피해를 입는 곳이 아프리가 대륙이거든.

공정무역 초콜릿은 뭐가 다를까?

현재 아프리카 대륙에는 가뭄이 심각해. 30년도 훨씬 넘게 지속되고 있는 가뭄이야. 인도양에서 불어오는 계절풍이 비를 몰고 와야 아프리카의 물 문제가 해결되는데 기후 변화로 바람 방향이 바뀌었어.

국제구호기구 옥스팜과 스톡홀름환경연구소가 펴낸 보고서에 따르면 2020년 기준으로 최상위 1퍼센트의 사람들이 전체 온실가스의 15퍼센트를 배출한대. 가난한 50퍼센트 사람들은 겨우 7퍼센트의 온실가스를 배출하고 있는 것과 비교하면 무려 두 배가 넘는 온실가스를 최상위 1퍼센트가 배출하는 거지. 아프리카의 숲은 유럽의 식민지 시절을 거치면서 그쪽으로 원료를 대주느라 너무나 많이 황폐해졌어. 아프리카는 광물이 무척 많이 매장돼 있지만 잘사는 나라들이 채굴해 가면서 생태계를 망가뜨려 놓았어. 그렇게 생산된 원료로 풍요로움을 누리고 있는 잘사는 나라들이 이젠 기후로 고통받는 아프리카의 여러 나라를 위해 기꺼이 나눠야 하지 않을까?

카카오를 재배하느라 온갖 고생을 하는 사람들이 정당한 가격을 받고 일할 수 있도록 세계 무역 정책이 하루빨리 바뀌어야 해. 아동 노동이 더 이상 발생하지 않기 위해서라도 카카오 가격은 정당하게 매겨져야 하지. 그렇다면 우리가 이런 무역 정책을 바꿀 수 있을까? 가능해. 공정무역이라고 들어 본 적 있니? 일한 대가를 제대로 보상받는 가격으로 물건을 구입하는 무역이야. 아동 노예 노동을 뿌리 뽑는 무역이지. 이퀄 초콜릿, 게파 초콜릿, 디바인 초콜릿 그리고 빈투바 마루 초콜릿 등이 정당한 가격을 주고 구입한 카카오로 만든 '공정한' 초콜릿이야.

가격은 당연히 공정무역 초콜릿이 비싸. 노동의 대가를 제대로 계산하고 카카오를 사는 거니까. 당장 가격만 비교하면 공정무역 초콜릿을 사는 게 비싸다 생각할 수 있어. 그런데 이렇게 생각해 보면 어떨까? 서너 개 먹을 걸 하나만 먹겠다고 말이야. 이렇게 하는 것만으로도 우리는 저 아프리카에서 카카오 농사를 짓는 이들의 눈물을 조금이나마 닦아 줄 수 있거든. 아프리카에 나무를 심는 데 후원이 필요한 곳이 있다면 용돈을 아껴서 보내는 것도 기후로 인해 피해를 입은 아프리카와 연대하는 일이야.

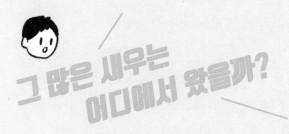

그 많은 새우는 어디에서 왔을까?

인도네시아 한 휴양지에 집채만 한 쓰나미가 덮쳤던 일을 알고 있니? 크리스마스 휴가를 보내러 왔던 관광객과 지역 주민을 포함해 23만 명이나 목숨을 잃었어. 2004년 크리스마스 다음 날 벌어진 대참사였지. 어쩌다 이런 큰 사고가 일어났을까?

시작은 이러했어. 인도네시아 수마트라섬 서부 앞바다에서 초대형 해저 지진이 발생했어. 곧이어 해일이 육지로 밀려왔지. 이 지진으로 인도양 주변 21개 나라가 피해를 입었고 수많은 사망자와 이재민을 남겼어. 이렇게 많은 인명 피해가 났으니까 재산상 피해는 거론할 필요도 없겠지. 나라마다 피해 정도는 다 달랐는데 인도네시아 아체주가 가장 피해가 컸어. 반면 몰디브는 사망자가 82명으로 아체주에 비해 상대적으로 적었어. 몰디브는 국토의 80퍼센트가 해발 1미터밖에 안 되는 섬나라인데도 말이야. 왜 몰디브는 피해가 적고 아체주는 컸을까?

몰디브는 섬 주변에 형성된 맹그로브 숲과 산호초를 잘 보존했거든. 몰디브는 관광 수입으로 먹고사는 나라잖아. 무엇보다 자연의 모습을 고스란히 간직한 맹그로브 숲과 산호초가 대표적인 관광 상품이고. 그러니 인도양의 여느 관광지와는 달리 개발을 최대한 억제하면서 자연을 그대로 보존했던 게 화를 모면하는 계기가 된 거야. 맹그로브 숲과 산호초는 바다에서 밀려오는 해일 에너지를 누그러뜨리는 역할을 해. 말하자면 자연 방파제라고 볼 수 있지.

맹그로브 숲에 대해 들어 본 적 있니? 아열대나 열대 해변, 하구의 습지에서 발달하는 숲을 말해. 나무는 대개 육지에서 살잖아. 버드나무나 낙우송처럼 물을 좋아하는 나무도 있긴 하지만 바다에 사는 나무도 있을까? 맹그로브 숲을 이루는 80여 종의 나무들은 열대와 아열대 지역의 민물과 짠물이 교차하는 습지에 살아. 나무들이 파도가 치는 해안가에서 살아갈 수 있는 비법은 뿌리에 있어. 아무리 파도가 세게 쳐도 버팀목처럼 단단히 뿌리를 내리고 있기 때문에 끄떡없대. 이 뿌리가 빽빽하게 엉켜 있어서 해안가로 드나드는 바닷물은 속도가 줄어들 수밖에 없어. 맹그로브 숲이 해안가에 있으니까 해일이나 파도, 해류, 밀물과 썰물로 인한 침식이 다른 해안가에 비해 느리게 일어나.

맹그로브 숲의 나무들은 뿌리가 이리저리 얽히고 복잡해서 뻘 속으로 뻗어 가며 다양한 생물이 살 수 있는 공간을 마련해 주기도 해. 또 물 흐름이 느려지다 보니 바닷물에 실려 온 퇴적물이 쌓이게 되고 다양한 생물들이 그곳에서 살 수 있는 환경이 만들어져. 먹이를 찾거나 포식자로부터 안전한 곳을 찾는 물고기들을 비롯해 다양한 바다 생물들에게 맹그로브 숲은 좋은 안식처가 되지. 이러니 맹그로브 숲에 생물 다양성이 높을 수밖에 없어.

산호초 역시 맹그로브 숲과 비슷해. 해안선을 따라 산호초가 형성되면서 해일 등으로부터 육지를 보호하는 방파제 역할을 해. 산호초에도 다양한 바다 생물들이 어우러져 살아가기 때문에 생물 다양성이 높아. 특히 바닷물고기 가운데 25퍼센트는 어린 시절 산호초가 고향이거든. 오랜 시간 지구에 자연스레 형성된 것들은 다 그곳에 있을 수밖에 없는 이유가 있어. 조화로운 생존 방식을 서로 맞춰 가면서 이루어진 거니까. 만약 맹그로브 숲이나 산호초가 없었다면 해안가에 사람이 살 수 있었을까?

숲을 버리고 얻은 새우

블랙타이거라는 새우가 피자 토핑으로 쓰일 정도라는 건, 그만큼 생산하는 양이 많다는 뜻이야. 어떤 음식이 유행이라고 하면 어딘가에서 대량으로 생산되고 있다고 보면 되거든. 많은 사람들이 먹을 정도여야 유행이라고 할 수 있으니까. 우리나라에 새우가 많이 잡히는 때를 '대하철'이라고 불러. 새우가 커서 대하라고 부르는데 대하는 먼 바다에 나가 살다가 알을 낳는 가을이 되면 우리나라 가까운 바다로 와. 그때가 제철인 거지.

언제부터인가 우리 식탁에서 제철 음식이 사라지고 무엇이든 1년 내내 먹을 수 있게 되었어. 냉동 기술이 발달해서 그럴 수도 있고 수입을 해 오니 가능해진 거지. 그렇다면 이 많은 블랙타이거 새우는 어디서 오는 걸까? 바다에서 잡히는 거라면 우리가 언제든지 양껏 먹기가 쉽지 않은데 말이야. 물고기나 어패류, 해조류 등을 육지와 가까운 바다에 가두어 기른다면 가능해질까? 맞아, 그게 양식 산업이 된 거지. 남획, 해양 오염, 수온 상승 등으로 물고기가 점점 줄어들자 양식으로 부족분을 채우고 있어. 우리가 먹고 있는 수산물의 절반 이상은 양식으로 얻어.

블랙타이거 새우도 주로 동남아시아와 동아프리카 해안가에서 양식으로 길러져. 2012년 미국 오리건대학교 연구진은 동남아시아에서 공급되는 블랙타이거 새우의 탄소 발자국을 발표했어. 탄소 발자국이 클수록 배출하는 온실가스의 양이 많다는 건데 블랙타이거 새우 100그램의 탄소 발자국이 198 킬로그램이야. 먹을거리 가운데 육류, 특히 소고기가 탄소 발자국 수치가 가장 높은 걸로 알려져 있지. 그런데 블랙타이거 새우는 소고기보다도 무려 10배나 많은 온실가스를 배출한다니, 대체 뭐 때문에?

이유는 맹그로브 숲 때문이야. 새우 양식장이 들어서고 있는 곳이 바로 맹그로브 숲이 있던 자리거든. 새우 공급을 늘리기 위해 새우 양식장을 계속 만들어야 했는데 양식하기 적절한 곳이 맹그로브 숲이었던 거지. 사람들은 맹그로브 숲의 가치를 어떻게 생각했던 걸까? 그저 나무가 우거진 바닷가 숲, 그 이상으로 생각을 했대도 숲을 그렇게 없앨 수 있었을까? 맹그로브 숲은 탄소를 흡수하는 능력이 열대우림보다 2~5배나 우수하다고 알려져 있어. 맹그로브 숲을 바다의 열대우림이라는 표현하는 건 이 때문이야. 그런데 이러한 숲이 사라지고 있다는 거잖아.

새우 양식장이 들어서면서 맹그로브 숲이 사라지는 것 말고도 여러 문제가 생겼어. 새우의 배설물과 사료가 양식장 바닥에 쌓이게 되었지. 한곳에 많은 새우를 기르게 되니까 질병을 예방하기 위해 항생제 등을 사용하면서 환경에 얼마나 부담을 주었을까?

앞서 말한 것처럼 새우를 더 많이 기르기 위해 반복되는 이런 악순환이 쌓이면 연안이 오염될 수밖에 없어. 5년쯤 지나면 양식장은 더 이상 양식을 할 수가 없는 상태에 이르는 거야. 그래서 그 양식장을 버리고 또 다른 맹그로브 숲을 없애고 양식장을 만들어.

지난 50년간 전 세계 맹그로브 숲의 30~50퍼센트 가량이 새우 양식장 등을 만들면서 사라졌어. 아마존 열대우림이 사라지는 속도보다 무려 4배나 빠르다고 해. 인구는 점점 늘어날 테고, 이런 속도라면 나머지 맹그로브 숲이 다 사라지는 데 50년도 채 걸리지 않을지도 몰라. 맹그로브 숲을 없애면 나무 안에 저장돼 있던 탄소가 배출될 뿐만 아니라 탄소를 흡수할 곳 자체가 사라지는 거지. 맹그로브 숲이 있는 해안가에서 필요한 만큼 물고기를 잡으며 어업으로 생계를 유지하던 지역 주민들은 맹그로브 숲이 사라지면서 생계가 막막해졌어. 또, 해일 등이 밀려왔을 때 완충 역할을 할 곳도 없어 지역 주민들이 피해를 고스란히 입게 되었지.

2013년 필리핀의 경우도 마찬가지였어. 슈퍼 태풍 하이옌으로 7800여 명의 사망자와 실종자가 발생했거든. 무엇보다 맹그로브 숲이 어떻게 분포하는지에 따라 피해가 달랐어. 태풍에 이은 해일로부터 보호막이 돼 줄 맹그로브 숲이 없었던 타클로반의 피해가 가장 컸대. 반면 타클로반에서 북쪽으로 160킬로미터 가량 떨어진 사마르 지역은 맹그로브 숲을 복원하고 있던 중이어서 그나마 피해를 최소화할 수 있었다고 해.

지구 온난화로 태풍이 더 자주 그리고 더 큰 규모로 발생하고 있어. 그런데 해안가에 맹그로브 숲이 사라지면 그 지역은 태풍의 피해를 더 많이 입지 않을까? 인도네시아 아체주의 해일 피해 이후 맹그로브 숲에 대한 관심이 전 세계적으로 높아졌어. 과학 전문잡지인《사이언스》에 100제곱미터당 맹그로브 나무 30그루를 심으면 해일을 90퍼센트 가까이 줄일 수 있다는 연구가 발표되면서 여기저기서 맹그로브 숲을 복원하려는 움직임이 생겨나고 있어.

그러니 아이러니한 일이 아닐 수 없어. 왜 망가지고 나서야 복원을 할까? 한 번 망가져 버린 숲을 다시 복원하려면 많은 노력과 비용이 필요해. 또 복원한다고 해도 예전과 같은 생태계를 기대하긴 어려워. 만약 망가뜨리지 않았다면 복원하느라 들어가는 노력과 비용을 다른 곳에 잘 쓸 수 있지 않을까?

대기 중 이산화탄소 농도를 표시하는 단위는 피피엠(ppm)
이야. 피피엠은 100만 분의 1(parts per million)이라는 의미
거든. 2021년 2월 기준으로, 대기 중 이산화탄소 농도는 415
피피엠을 기록하고 있어. 쉽게 비유하면 공기 100만 개 중 이
산화탄소가 415개 있다는 뜻이야. 지구 대기 중 이산화탄소
농도는 산업화 이전에 278피피엠 정도였다고 해. 140년 정
도의 시간이 흐르는 동안 대기 중 이산화탄소 농도가 50퍼센
트 가까이 증가했어. 특히 1990년대 이후로 배출량은 무척
빠른 속도로 증가했지. 대기 중에 이산화탄소가 많을수록 열
을 지구에 가두는 온실 효과가 커져서 지구 기온이 상승해.

탄소 농도가 이토록 가파르게 증가한 결과일까? 지구의 평
균 기온은 산업화 이전보다 1.1℃ 높아졌어. 갈수록 심해지는
폭염, 가뭄, 홍수, 태풍 등은 이렇게 기온이 올라가는 현상과
무관하지 않아. 우리가 배출한 열은 대기 중에만 머물지 않고
바다가 90퍼센트 가까이 흡수해. 그러니 해수 온도가 올라갈
수밖에 없어. 해수 온도가 올라가면 증발량도 많아지고 수증
기는 태풍을 만들지. 바다에 살고 있는 생물들도 적절한 온도
를 찾아 이동하거나 먹이 부족으로 더 이상 살 수 없는 상황에

처해.

태풍으로 인한 해일의 피해를 입을 수밖에 없는 섬나라의 경우 맹그로브 숲이 특히 더 중요하겠지? 맹그로브 숲이 사라지고 더는 그곳에 살 수 없게 된 사람들은 어디로 가야 할까? 설령 다른 나라에서 이주를 환영해 준다고 해도 이러한 문제는 쉽게 이야기할 수 없어. 너희가 만약 지금 사는 곳에서 더는 살 수 없는 환경이 되어 다른 곳으로 이사를 가야 한다고 생각해 봐. 그런데 이사 갈 곳은 문화도 언어도 완전히 생소한 곳이라면? 가서 뭘 해서 먹고살지 그조차 막막하다면?

우리는 단지 새우를 먹었을 뿐이야. 피자를 먹느라 파스타를 먹느라 햄버거를 먹느라 새우를 먹었을 뿐인데 그 새우를 길러 내느라 맹그로브 숲이 사라졌어. 우리 일상이 바다에까지 영향을 준다고 생각하면, 어떤 것을 먹을지 좀 더 신중하게 선택하게 되지 않니? 우리는 탄소 배출을 많이 하는 나라에 살고 있기 때문에 저개발 국가에 살고 있는 사람들에게 더 무거운 책임감을 느껴야 해. 물건 하나하나가 어디서 어떤 과정을 거쳐 만들어져 오게 되었는지, 물건의 시작점을 생각하고 살아야 할 의무가 있어.

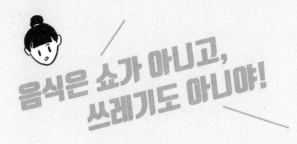

음식은 쇼가 아니고, 쓰레기도 아니야!

전철에서 있었던 일이야. 마침 빈자리가 생겨 앉으려는데 옆자리에 앉은 사람 외투가 내가 앉을 자리에 펼쳐져 있는 거야. 깔고 앉을 수 없으니, 그걸 좀 치워 주십사 부탁을 했는데 내 말을 못 듣는 것 같았어. 그 사람은 휴대폰에 코를 박고 있었거든. 도저히 혼자 먹을 수 없을 만큼 많은 음식을 앞에 두고 우적우적 먹고 있는 사람이 등장한 영상을 보고 있더라고. 이상해서 두어 번 흘끔거렸는데 내가 내릴 때까지 화면 속 그 사람은 계속 음식을 먹고만 있었어. 내 눈에는 그 많은 음식을 위에 쓸어 담는 모습이 무척 고통스럽게 느껴졌어.

'먹방(mukbang)'이라는 낱말이 인터넷 공개 백과사전 위키피디아에 올랐다는 것 알고 있니? 먹방의 뜻을 'eating show'라고 풀어 놓았어. 먹는 걸 쇼하듯 보여 준다는 의미일까? 혼자서 도저히 먹을 수 없을 만큼 많은 음식을 먹으니까 확실히 사람들의 관심을 끌더라. 조회 수가 올라가니 광고가 붙으면서 그 영상은 돈벌이 수단이 돼. 이처럼 사람들의 관심으로 수익을 창출하는 걸 '관심 경제'라고 하지. 음식을 먹는 모습이 쇼가 되고 돈벌이가 되는 세상이라니.

먹는다는 건 생명을 유지하는 가장 기본이며 중요한 행위야. 먹지 않고 살 수 있는 생명체는 없으니까. 50년 전만 해도 우리나라에는 '보릿고개'라는 게 있었어. 가을에 수확한 식량은 겨울을 지나 봄이 되면 바닥이 났거든. 가장 빨리 수확하는 곡물이 보리인데 6월 초나 되어야 수확이 가능했지. 이렇게 한동안 먹을 게 없어서 몹시 곤궁한 시절을 보릿고개라 불렀어. 정말이냐고? 실감이 안 날지도 모르겠지만 진짜란다. 이랬던 우리가 식량 생산기술이 발전을 거듭하면서 배고픔에서 벗어나게 되었어. 아니, 이제는 배고픔을 해결한 정도를 넘어 다양한 음식 문화를 누리는 세상이고말고.

맛난 음식을 먹는 일은 큰 즐거움이기도 해. 이왕이면 맛있고 멋지게 꾸며서 먹는 일이 비난받을 일은 아니야. 그럼에도 중요한 것은 음식 재료에 대한 예의 아닐까 싶어. 식재료가 어떤 과정을 거쳐 우리 앞에 오게 되는지를 아는 것, 그 과정에서 혹시라도 지구에 부담을 주는 건 아닌지 살피는 것. 이런 걸 나는 예의라 부르고 싶어. 가뭄으로 쩍쩍 갈라지는 논에 물을 퍼 나르며 모를 내고 한여름 폭염 속에서도 김을 매고 태풍에 쓰러진 벼를 세우며 농사를 짓는 농부의 수고로움에 감사한 마음을 갖는 것도 예의라고 생각해.

먹방이라는 이름 아래 굳이 먹지 않아도 될 음식 양을 사정없이 먹어치우는 동안, 다른 한편에선 많이 먹어서 찐 살을 빼거나 굳이 더 빼지 않아도 될 몸무게를 줄이느라 다이어트가 하나의 산업으로 번창하고 있지. 반면 여전히 결식 아동은 공존하고 있고 무료 급식소를 찾는 발걸음도 늘어나고 있어. 음식 자체가 모자라기보다는 분배가 정의롭지 못한 불평등한 사회 구조 때문이야.

이것이 비단 우리나라만의 문제일까? 그렇지 않겠지. 세계 약 20억 명은 배를 곯고 있고 8억 명가량은 영양실조에 시달리고 있어. 아프리카 사헬 지역에 살고 있는 사람들은 극심한 가뭄으로 고통받으며 살아가는데, 사실 그 책임은 대부분 잘사는 나라에 있지. 전 세계 탄소 배출 9위인 우리나라 역시 책임을 피해 갈 수 없어.

먹방이 불편한 까닭은 그 때문이야. 우리가 배출한 온실가스로 누군가는 농사를 망치고 배고픔에 허덕이는데 우리는 과하게 음식을 먹는 걸로 쇼를 하다니 말이야. 시청하는 사람이 없다면 그런 콘텐츠는 자연히 사라지지 않을까? 그러니 그런 영상의 책임이 비단 해당 유튜버에게만 있다고 할 수도 없겠지.

먹지 않고 버리는 음식

서울을 벗어나 지방에 가다 보면 가장 많이 눈에 띄는 두 가지가 있어. 바로, 아파트와 비닐하우스야. 들판을 덮은 비닐하우스를 보면 땅이 질식할 것 같은 느낌이 들어. 비닐하우스가 덮인 땅은 비가 내려도 빗물이 스며들지 못하고 따스한 볕도 못 쬔다 생각하니 땅에게 많이 미안하더라. 직접 하우스 농사를 짓진 않아도 내가 먹는 채소와 과일이 그곳에서 생산되니까 내게도 일정 부분 책임이 있는 거잖아.

비닐하우스는 겨울 동안 에너지가 필요해. 또 비가 내려도 그 빗물을 쓸 수 없으니 지하수를 끌어올려 물도 공급해 줘야 하지. 같은 곳에서 계속 농사를 지으면 땅이 힘을 잃거든. 사람도 쉬지 않고 계속 일만 하면 탈이 나듯이 말이야. 가뜩이나 빗물도 햇볕도 제대로 만나지 못하는 땅에서 계속 농사를 지으려니 비료를 뿌려 인위적으로 영양을 공급해 줘야만 해. 그리고 그 비료를 만들려면 석유가 필요하지.

농사에 들어가는 많은 에너지로 지구는 더 뜨거워지고 기후가 요동을 치니까 점점 농사를 하우스에서 짓게 되는 악순환이 반복돼. 우리가 먹는 식재료는 생산 단계에서부터 많은 에너지와 자원이 들어가. 이렇게 만들어진 식품은 먼 곳까지 에너지를 소비하며 유통이 되지. 감자로 유명한 강원도 사람들이 제주 감자를 먹는 일이 이런 식품 유통 과정에서 벌어지기도 해. 호주에서 소고기를, 노르웨이에서 연어를, 칠레에서 포도를 비행기로 배로 실어 나르고 수입하는 과정에 발생하는 탄소 발자국은 얼마나 많을까?

뿐만 아니라 식재료를 먼 거리로 이동시키려면 신선도를 유지하기 위해 살충제나 방부제 등을 사용할 가능성도 올라가. 가을에 잔뜩 수확한 사과는 다음 해 사과를 수확하는 가을까지 저온 저장실에 보관해 두고 판매해. 바다에서 많이 잡아 온 생선, 육류 역시 냉동고에 보관해야겠지. 유통 중에도 상하지 않도록 냉장·냉동이 되는 저온 유통 체계가 작동해야 해. 이 모든 과정에 에너지가 반드시 필요하기 때문에 우리의 먹을거리는 기후 문제와 아주 가깝게 연결되어 있어.

그런데 전 세계에서 이런 과정을 거쳐 생산한 먹을거리 가운데 3분의 1은 먹기도 전에 버려져. 음식 생산부터 유통, 보관, 조리에 이르는 전 과정을 에너지로 환산하면 56퍼센트를 버리는 셈이라고 해. 그렇다면 대체 우리는 왜 씨를 뿌리고 거두는 수고를 하는 걸까? 왜 유통하느라 그 많은 에너지를 소비해야 하는 걸까? 결국 먹지도 않을 건데 말이야. 버려진 음식물을 처리하는 데도 또 에너지가 필요하잖아. 음식물 쓰레기를 수거해야 하고, 퇴비를 만들든 사료를 만들든 과정을 거치는 동안 에너지가 필요하지. 이렇게 에너지를 소비하면서 배출한 온실가스로 지구는 더 뜨거워지고 말이야.

식량 안보

굉장한 폭염이 있던 2018년 여름에 있었던 일이야. 양식장에서 기르던 물고기와 축사에서 기르던 가축이 폭염을 견디지 못하고 폐사되었어. 폭염, 태풍, 가뭄 등의 이상 기후는 농축수산업에 큰 피해를 끼치고 결국 식량 공급에 문제를 일으키고 있어. 이런 이유로 최근에 식량 안보 또는 식량 주권이라는 말이 생겼어. 식량을 확보하는 일은 곧 나라를 지키는 일만큼이나 생존에 중요하다는 뜻이야.

우리나라 식량 자급률은 2019년 기준으로 45.8퍼센트야. 자급률이란 한 나라의 전체 소비량 중에서 국내에서 생산되는 비율을 말해. 사료까지 포함하게 되면 곡물 자급률은 21퍼센트로 뚝 떨어지면서 경제협력개발기구(OECD) 국가 가운데 거의 꼴찌 수준이야. 안타깝게도 해마다 자급률은 하락하는 추세이고.

한 해에 필요한 곡물량이 대략 2000만 톤인데 이 가운데 우리나라에서 생산하는 양은 2018년 기준 400만 톤이었어. 2019년에는 곡물을 1800만 톤 수입했는데 이 가운데 식용이 600만 톤이고 사료용 곡물이 1200만 톤이었어. 수입도 어마어마하게 많이 하지만 고기를 얻으려 사료용으로 쓰이는 곡물이 우리가 먹으려는 곡물의 두 배야. 우리가 곡물을 수입해 오는 나라가 기후 변동으로 농사를 망쳐서 곡물을 수출할 수 없다고 한다면 우리가 먹을 식량은 어디서 구할 수 있을까?

기후 위기 시대에 식량 전쟁, 물 전쟁의 가능성을 이야기하는 까닭이 이 때문이야. 식량 안보를 지키려면 우리나라에서 자급자족을 늘려야 하는데 우리는 논밭을 없애며 그곳에 아파트를 짓고 도로를 내고 건물을 짓고 있지. 2020년 6월 재선에 성공한 파리시의 안 이달고 시장은 코로나를 겪으면서 파리 시민의 식량 주권을 반드시 확보할 생각이래. 이런 정책을 펼치겠다는 시장을 뽑은 파리 시민들은 기후 위기 시대를 사는 방법을 알고 있는 것 같지 않니?

유엔식량농업기구에 따르면 전 세계 버려지는 음식 가운데 25퍼센트를 절약하면 8억 7000만 명의 굶주린 사람들을 먹일 수 있다고 하거든. 그렇다면 음식이 쓰레기가 되지 않도록 우리가 할 수 있는 노력이 있지 않을까?

독일에는 버리기엔 너무 멀쩡한 음식을 필요한 사람들과 나누는 공정 나눔 냉장고가 있어. 버려지는 음식 가운데 3분의 2는 의식적으로 노력하면 쓰레기가 되지 않을 수 있다는 취지에서 이들은 '폐기 대신 나눔' 캠페인을 한다고 해. 누구나 접근 가능한 장소에 냉장고를 두고, 버려질 처지에 놓였지만 충분히 먹을 만한 음식을 가져다 놓는 거야. 그러면 음식이 필요한 사람이 와서 가져가는 거지. 돈을 낼 필요도 없어. 누구든 와서 마음껏 필요한 음식을 가져가고 내게 필요 없는 음식을 가져다 두면 되거든. 좀 이상할 것 같다고? 혹시 누가 음식 갖고 장난이라도 치면 어떡하냐고? 그래, 이렇게 냉장고를 활용하기 위해서는 신뢰가 기본이어야겠지. 어떻게 믿음의 체계가 이루어지는지 궁금하지?

자원봉사 하는 음식 구조원은 자전거로 음식을 필요한 곳에 배달해. 일주일에 한두 번 냉장고 속 식품들을 검사하고 관리하는 일도 한대. 그뿐이 아니야. 독일의 '디스코 수프'라는 단체는 시장이나 슈퍼마켓에서 팔고 남은 식재료를 기증받아 거리에서 음식을 만들어서 행인들에게 나눠 주는 활동을 하고 있어. 많은 양을 요리해야 하기 때문에 요리할 사람들을 SNS

를 통해 모집해서 함께 만들어. 음식물 쓰레기의 80퍼센트는 먹을 수 있는 음식이고 음식물 쓰레기 발생을 줄일 수 있는 재미난 방법들을 퍼뜨리려는 게 이 단체의 활동 목적이야.

디스코 수프의 시작은 2012년, 독일 베를린에서 8000명이 먹을 수프를 요리하면서부터래. 이후 2017년에는 슬로푸드 청소년네트워크가 조직되어서 세계 디스코 수프 데이(World Disco Soup Day)를 개최했어. 우간다에서 일본, 브라질, 네덜란드에 이르기까지 다섯 개 대륙에 걸쳐 수백 개의 디스코 수프가 조직돼 있대. 함께 요리하고, 먹고, 춤추는 가운데 버려지는 음식에 대해 진지하게 생각하면서 음식을 아끼는 재미난 방법을 공유하는 이벤트야. 이 네트워크는 전 세계 노인들의 식량 절약 레시피를 수집하고 더 많은 사람들에게 레시피를 전할 계획이라고 해. 참고로 디스코 수프 데이는 매해 4월 25일이야.

음식물이 버려지는 원인 가운데 하나가 유통 기한이야. 유통 기한이 지나도 먹을 수 있는 음식이 많은데 대개 그냥 버려. 유통 기한은 식품 판매 허용 기간이고 유통 기한 외에 소비 기한이라는 게 있어. 나라마다 포장 식품의 날짜 표시 제도는 다양해. 소비 기한은 식품을 섭취해도 건강에 이상이 없는 기한으로 유통 기한보다 훨씬 길어.

국제식품규격위원회는 제조 일자, 포장 일자, 유통기한, 품질 유지 기한 등을 포장 식품의 날짜 표시 제도로 인정하고 있어. 유럽연합(EU), 캐나다, 일본, 호주, 영국, 중국 등에서는 유통기한 표시 제도를 운영하지 않는데 우리나라는 유통기한을 표시해 왔지. 식품의약품안전처는 2022년부터 소비 기한 표시제를 추진하겠다고 발표했어. 소비 기한 표시제를 운영하게 되면 버려지는 음식물로 낭비되는 자원과 에너지가 상당히 줄어들 거야.

우리가 먹는 음식 하나하나가 환경에 부담을 주고 에너지를 소비하면서 만들어졌다는 걸 잊지 말았으면 좋겠어. 배가 고플 때는 많이 먹을 수 있을 것 같아 급식을 잔뜩 받아 왔는데 막상 먹다 보면 다 먹지 못했던 경험, 다들 있지? 그래서 나에게 적절한 음식 양을 알고 있으면 좋을 것 같아. 식당에서 밥을 먹을 때는 먹지 않을 반찬을 미리 빼 달라고 하면 어떨까? 많은 에너지로 만든 음식을 적어도 버리지만 않아도 탄소 배출을 조금씩 줄일 수 있으니까.

함께 토론하기: 공정한 먹거리

1. 세포를 배양해서 만든 고기인 '배양육'은
   기후 변화의 대책이 될 수 있어!

육식을 하면서 환경을 지킬 수 있는
방법을 이야기해 보자.

찬성 ▶ 가축을 사육하는 데에서 온실가스가 많이 나오잖아.

반대 ▶ 배양육을 만드는 데 에너지가 많이 필요하다던데?

---

2. 급식 잔반은 남기지 않아야 해!

음식물 쓰레기를 줄이는
자신만의 노하우를
발표해 보자.

찬성 ▶ 음식물 쓰레기에서 급식 잔반 비중이 높대.

반대 ▶ 잔반이 퇴비가 된다던데 남기면 뭐 어때?

---

3. 공정무역 초콜릿만 사야 해!

카카오 농장에서는 왜 여전히
인신매매가 벌어질까?

찬성 ▶ 카카오 재배 농민들에게 이익이 되니까.

반대 ▶ 그 이익이 농민들에게 간다는 보장이 있어?

3장

남극이 펭귄을 잃게 될 때

최근 들어 눈과 얼음으로 뒤덮여 있어야 할 남극에

땅이 드러난 모습이 자주 보도되고 있어. 진흙투성이가 된

펭귄 사진이 SNS에 올라오기도 했지. 따뜻해진 남극에 눈이 아닌

비가 내리는 날도 있다고 해. 북극이라고 다를까? 지난 30년 동안

북극 빙하가 절반으로 줄어들었어. 빙하가 녹으면 어떤 일이 생길까?

북극곰 앞발이 샛노랗대!

지구의 에어컨, 빙하

기후 변화를 이야기할 때 가장 먼저 떠오르는 이미지가 뭘까? 아마도 북극곰일 거야. 북극곰이 조그만 얼음 위에 올라앉아 있는 사진은 이제 너무 흔해 빠진 이미지가 돼 버렸어. 현실은 갈수록 처참해지는데, 한때 어느 음료 회사는 북극곰을 광고 모델로 이용하기도 했지. 북극 빙하는 녹아내리는데 광고 속 북극곰은 겨울을 신나게 즐기고 있었어. 먹이가 부족해 쓰레기통을 뒤지는 북극곰이 한가하게 음료수나 마시며 신날 상황일 수가 없는데, 그 광고를 보면 착각하게 되거든. 얼음 조각 위에 올라앉은 북극곰을 보며 기후 위기 대신 청량음료를 먼저 떠올리는 사람들이 아직도 있을까?

기후 문제를 다룰 때 가뭄, 폭염과 함께 빙하가 빠르게 녹고 있는 현실이 많이 이슈가 되지. 일부러 여행하지 않는 다음에야 우리가 빙하를 볼 일은 평생토록 없어. 그래서 빙하가 빠르게 줄어들고 있고, 어쩌면 사라질지도 모른다는 이야기를 들어도 그게 가까이 와닿지 않아. '대체 빙하가 녹으니 뭘 어쩌라고?' '그게 나랑 무슨 상관인데?' 하는 식으로 생각하기 쉬워. 키우는 개가 아픈 건 곧 내 문제지만 빙하가 녹는 건 너무먼 얘기지.

안타깝게도 그건 우리가 빙하에 대해 잘 모를 때의 얘기야. 빙하는 지구에 살고 있는 모든 생명이 안정적으로 살아가는 데 무척 중요하거든.

많이들 알고 있겠지만 지구를 둘러싸고 있는 대기는 태양에서 오는 에너지를 붙잡아 이불처럼 지구를 따뜻하게 감싸주지. 특히 대기 중 온실가스가 많을수록 더 두꺼운 이불로 지구를 감싸는 셈인데 이걸 온실 효과라고 해. 여기서 다행인 건 얼음과 눈이 태양 에너지의 일부를 반사시켜 우주로 되돌려 보낸다는 거야. 지구 표면에 도달한 태양빛과 지구로부터 반사한 태양빛의 비율을 '알베도(albedo)'라고 하는데 알베도가 클수록 우주로 되돌려 보내는 에너지가 더 많아.

알베도의 영향을 받아서 기온이 변화하는 걸 알베도 효과라고 해. 이불만 자꾸 두껍게 덮으면 얼마나 덥겠니? 그런데 빙하라고 하는 거대한 에어컨이 지구를 식혀 주기 때문에 적절한 온도를 유지할 수 있어. 지금 지구상에 살고 있는 생물들은 모두 이런 온도 조절 시스템에 최적화된 상태로 살아가는 거야. 그런데 빙하가 녹으면서 그 조절 시스템에 문제가 생겼어. 이불은 점점 두꺼워지는데 에어컨이 고장 난 셈이랄까? 어때, 상상만 해도 더워지는 것 같지 않니?

남극과 그린란드의 얼음은 땅 위에 있는 육상 빙하이고 북극의 얼음은 바다에 떠 있는 해빙이야. 히말라야나 알프스처럼 산꼭대기에도 빙하가 있어. 이렇게 빙하라 부르는 얼음이 장소에 따라 명칭도 다르듯, 지구에 미치는 영향도 조금씩 달라.

지난 30년 동안 북극 빙하가 절반으로 줄어들었어. 빙하가 절반으로 줄었다는 말이 대수롭지 않게 들리니? 실제 상황은 전혀 그렇지 않아. 지구로 들어오는 태양빛을 다시 우주로 되돌려 보내야 할 북극의 빙하가 줄어든 만큼 바다가 드러나거든. 앞서 이야기했듯 바다는 우리가 배출한 열을 90퍼센트 이상 흡수하잖아. 바다가 따뜻해지니 빙하를 녹이는 속도가 빨라지고 빙하가 줄어든 만큼 빛 반사율은 더 떨어지지. 그러니 결국 바다가 더 많이 드러나는 악순환이 반복될 수밖에 없어. 이런 현상을 '양의 되먹임'이라고 해. 변화를 점점 가속화시킨다는 뜻이야.

2020년 7월, 월간 저널 《네이처 기후 변화》에 2035년쯤 되면 여름 한철 북극에서 더 이상 해빙을 보지 못할 것 같다는 연구가 실렸어. 에어컨 없이 여름을 지낸다는 상상을 해 봐. 2035년이 먼 미래로 느껴지니? 너희는 그때 몇 살일까? 빙하가 줄어드는 일은 북극 생태계에도 문제를 가져와. 수영을 해본 적이 있다면 아마 알 거야, 수영이 얼마나 에너지를 많이 소비하는 운동인지. 북극곰이 그래. 북극곰은 주로 빙상(얼음 벌판) 위에서 번식하는 물범을 사냥하는데, 빙상이 녹아 번식하는 물범의 수가 줄어들어 장거리를 헤엄치다 급기야 에너지가 소진된 북극곰이 익사하는 일이 생기고 있어. 이처럼 사냥이 어려워져 굶주린 북극곰이 급기야 새 둥지를 털어 먹기 시작했대. 덩치 큰 곰이 작은 새알로 배를 채우려면 대체 얼마나 많은 알을 먹어야 할까?

새 둥지를 터는 북극곰을 촬영한 영상을 봤는데 북극곰 앞발이 노랬어. 새 둥지를 털어 먹으니 북극에서 새끼를 치는 도요물떼새며, 거위, 갈매기 같은 새들은 머지않아 멸종하게 될까? 영상을 보니까 북극곰이 둥지를 털어 알을 꺼내 먹는데 주위에 새들이 안절부절못하며 소리를 지르고 있었어. 여태 그런 적이 없었으니 그냥 바닥에 알을 낳았는데 북극곰이 새로운 천적이 된 거야. 겨울이면 우리나라에 찾아오는 겨울 철새 가운데 북극에서 새끼를 치는 새들은 이제 사라지고 마는 걸까?

시베리아 베르호얀스크로 지구에서 가장 추운 마을로 알려진 니즈나야 페샤는 2020년 6월에 38도를 기록한 날도 있었다고 해. 우리나라도 6월에 30도까지 기온이 오르면 덥다고들 하거든. 러시아 기상청 소속 과학자에 따르면 2020년 겨울의 시베리아 기온은 기상 관측이 시작된 130년 이래 가장 더웠다고 해. 북극곰이 설령 둥지를 털어 알을 먹지 않는다고 해도 새들이 제대로 살 수 있을까? 여름을 지내는 북극이 이렇게 뜨거워지면 더 이상 북쪽으로 갈 수 없는 새들은 이제 어디로 가야 할까?

북극의 기온이 오르는 문제는 단지 빙하만 녹는 문제에서 끝나지 않아. 마치 그물코 하나에 연결된 수많은 거미줄을 떠올리게 해. 거미줄에 있는 단 하나의 그물코가 망가지면서 결국 다 끊어져 버리는 형국이랄까?

언 땅이 녹기 시작하면

2020년 5월에 일어난 일이야. 러시아의 시베리아 노릴스크에 있는 열병합 발전소에서 기름을 저장해 놓는 경유 저장 시설이 붕괴되며 큰 사고가 발생했어. 저장 시설이 무너지면서 그 안에 들어 있던 2만 1000톤가량의 경유가 흘러나왔지. 6000톤은 땅으로 스며들었고 1만 5000톤은 발전소 주변의

암바르나야강으로 흘러들었어. 땅이든 강이든 흘러들어 간 기름 때문에 그곳에 살고 있는 많은 생명들은 매우 힘든 상황에 처했을 거야. 질식해서 숨을 거두거나 전에 없던 고통에 몸부림쳤을 테니까. 국제환경단체 그린피스는 이 사고를 북극권 최대의 기름 유출 사고로 평가했어. 더 우려스러운 건 기름 저장 시설이 무너진 원인이야. 기름 저장 시설 지하에는 영구동토층이 있는데 그게 녹자 주변 땅이 꺼지면서 저장 시설이 무너져 내렸거든.

시베리아를 비롯한 북극 인근은 영구동토 지역으로 1년 내내 지층 온도가 0도를 유지하고 있어. 동토층 위에 철도, 송유관, 가스관 등이 거미줄처럼 지나가지. 북극 가까이에 있는 영구동토 지역은 사람이 살기 어렵지만 선주민을 비롯해 약 480만 명 이상이 거주하고 있어. 북극과 그 근처에 있는 천연자원을 수송하기 위해 송유관과 가스관 등 사회 기반 시설 등이 건설돼 있는데 녹으면서 이런 시설들의 안전이 문제가 되고 있어. 같은 북극권인 알래스카의 경우 주민들이 사는 마을도 지반이 꺼지면서 집단으로 이주해야 하는 상황이 생기고 있지.

더 심각한 문제는 이게 다가 아니라는 점이야. 영구동토층에는 오래전에 살던 동식물이 냉동 상태로 묻혀 있어. 매몰된 동물의 경우 어떤 질병으로 병사했는지 우리로선 알 수가 없지. 영구동토층이 녹자 그 안에 갇혀 있던 동물의 사체도 녹기 시작해. 2016년에 시베리아의 야말로네네츠 자치구에서 영구동토층 안에 갇혀 있던 동물 사체가 녹으면서 나온 탄저균에 근처에서 풀을 뜯던 순록이 감염됐어. 감염된 순록 고기를 먹은 12세 어린이가 목숨을 잃고 지역 주민 70여 명이 감염되는 일이 생겼어. 기후 변화로 감염병이 잦아질 거라고 경고해 온 과학자들의 예측을 증명이라도 하듯이 말이야.

영구동토층에 묻힌 동물 사체가 녹으면서 생기는 문제는 감염병의 위험뿐만이 아니야. 동식물 사체가 썩을 때 메탄이 나오거든. 메탄은 온실 효과가 이산화탄소의 최소 20배가 넘어. 메탄이 분출되기 시작하면 지구 온난화가 가속화될 거라고 과학자들은 오래전부터 경고했지. 다량의 메탄이 한꺼번에 분출되면서 마치 폭탄이 떨어진 듯 땅에 커다란 구멍이 뚫리기도 해. 땅속에서 어떤 일이 벌어질지 알기가 쉽지 않으니 더욱 불안할 수밖에 없어.

이야기를 꺼낸 김에 불편한 진실을 더 말할 수밖에 없겠다. 힘겹고 불편해도 우리가 마주해야 할 문제들이 곳곳에 있거든. 자, 질문 하나! 기온이 오르면 식물들은 안전할까?

당연히 그럴 수 없겠지. 기온이 이렇게 빠르게 오르면서 식물에도 문제가 발생해. 식물에는 공기가 들락거리는 구멍이 있는데 그걸 기공이라고 해. 나무는 이산화탄소를 흡수해서 광합성을 하잖아? 근데 대기 중에 이산화탄소가 많으니까 굳이 기공을 크게 열지 않아도 필요한 탄소를 흡수할 수 있어.

문제는 기공을 크게 열지 않으니까 뿌리에서 빨아올린 물을 밖으로 내보내는 증산 작용도 활발하지가 않아. 증산 작용이 활발하지 않으니까 대기 중으로 내보내는 수증기 양이 적어서 더욱 고온건조해질 수밖에 없어. 시베리아에 산불이 많이 발생하는 이유이기도 해. 원인 제공을 한 인간들은 북극에서 어떤 일이 벌어지고 있는지 모른 채 탄소 발자국을 꾹꾹 찍어 대고 있는데, 북극에서는 이런 일들이 벌어지고 있는 거야.

북극의 빙하가 녹는 문제가 여전히 남의 일로 느껴지니? 만약 아니라면 우리는 앞으로 뭘 어찌 해야 할까? 북극의 얼음이 더 이상 사라지지 않도록 하려면 말이야. 간단한 대답은 내가 계속 강조하는 그것, 탄소 배출을 줄이는 거야. 탄소 배출을 줄이는 방법은 결국 소비를 줄이는 거지. 글로벌 기업들 가운데 재생 에너지 100퍼센트로 제품을 만든다고 광고하는 걸

본 적이 있어. 그런 기업은 친환경 기업일까? 내 생각에는 100퍼센트 재생 에너지로 새 물건을 만드는 것보다 100퍼센트 재활용이 가능한 제품을 만드는 기업, 새 제품을 자꾸 만들 게 아니라 제품을 고쳐 쓸 수 있도록 부품을 오래도록 생산하는 기업이야말로 친환경 기업이라고 생각해.

이미 지구에는 물건이 차고 넘쳐. 재생 에너지로 생산했다고 면죄부가 될 수는 없어. 새로운 제품은 이제 좀 그만 만들 수 없을까? 꼭 필요한 제품이라면 오래도록 고장 나지 않는 제품을 만들면 좋겠어. 고장이 나도 쉽게 고칠 수 있는 제품을 만들면 좋겠어. 제품의 보증 기간을 10년, 20년으로 늘리면 좋겠어. 50년 동안 부품을 계속 생산할 수 있도록 법으로 정하면 좋겠어. 기업들이 서로 "우리 회사 제품이 가장 튼튼하고 오래 사용합니다"라고 광고하고 경쟁했으면 좋겠어. 그게 북극의 빙하를 가능한 오래도록 사라지지 않게 하는 방법일 테니까.

펭귄이 흙투성이로 나타났다고?

이거 뭐야?

응 오메가3인가... 그래.

어디에 좋은 거야?

성인병 예방도 되고 다이어트에도 좋대.

어! 이거 크릴 오일이잖아?

아! 그래 크릴 오일!

짝짝!

이것 때문에 펭귄이 사라진다고 들었어.

뭐? 펭귄이?

!?

타이타닉은 북대서양을 횡단하다가 빙산과 충돌하면서 침몰한 여객선 이름이야. 영국 사우샘프턴을 출발해서 미국 뉴욕으로 향하던 호화 유람선 타이타닉의 첫 항해가 결국 마지막 항해가 되었어. 빙산이 떠다니는데도 위험을 제대로 인지하지 못해서 일어난 참사였고 1500여 명이 목숨을 잃었지. 갑자기 왜 타이타닉을 말하느냐고? 지구가 기후 위기로 위험한 상황인데도 소비를 즐기며 풍요롭게 사는 사람들을 빗대는 말로 종종 쓰이거든. 빙하와 충돌을 코앞에 두고도 위험을 모른 채 파티를 즐기던 타이타닉호에 탄 사람들과 다를 바 없잖아. 위기를 진짜 위기로 인식하지 못하고 있으니까.

레오나르도 디카프리오라는 배우 알고 있니? 영화배우면서 환경 활동가이기도 한데 재미있게도 디카프리오를 세계적인 스타로 만든 영화가 〈타이타닉〉이었어. 디카프리오는 영화 〈레버넌트〉로 2016년 아카데미 남우주연상을 수상했는데 수상 소감이 여느 영화제 수상 소감과는 많이 달랐어. 이 영화의 배경에 많이 나오는 얼음과 눈을 찍으러 남극 가까이까지 거의 5000킬로미터를 이동해야 할 만큼 그해가 더운 여름이었다고 회상했어. 기후 변화는 실제로 벌어지는 일이고 우리가 마주한 가장 시급한 위협이라며 기후로 가장 위협받을 사람들과 미래 세대를 위해 이제는 정말 행동할 때라고 강한 어조로 수상 소감을 밝혔지. 디카프리오의 이런 호소가 그날 시상식을 지켜보던 사람들 마음에 얼마나 가닿았을까?

그 후 디카프리오는 기후 변화를 다룬 다큐멘터리 영화 〈비포 더 플러드〉에 직접 출연했어. 그는 기후 문제가 심각한 세계 곳곳의 현장을 누비며 처참한 현실을 카메라에 담아. 미국 플로리다 마이애미는 해수면 상승으로 도시가 침수되는 일이 잦아서 물을 퍼내는 펌프를 도시 전역에 설치하고 있었어. 디카프리오는 마이애미 시장을 만나 펌프가 얼마 동안 유효할 거냐고 물었어. 시장이 몇 년을 이야기했을 것 같니? 100년? 500년? 한 1000년?

대답은 50년이야. 50년 후면 너희는 몇 살일까? 50년 이후에도 인류는 계속 지구에서 살아가야 하는데 고작 50년이라니? 아니, 50년 동안이라도 펌프가 도시를 물로부터 지켜 줄 수는 있을까?

영화를 보는 내내 머릿속에는 질문이 꼬리를 물고 이어졌어. 너무나 무책임하다는 생각이 들었으니까. 마이애미시는 도로를 높이고 기울이며 물이 빠지도록 재설계를 하고 있는데 그나마 미국이니 가능한 일이야. 해발이 고작해야 1미터 안팎인 남태평양의 키리바시, 투발루, 바누아투 같은 섬나라는 찰랑거리는 해수면이 그들의 삶을 위협하고 있지만 나라 재정이 워낙 열악해서 제대로 대응할 여력조차 없어. 탄소를 가장 많이 배출하는 나라는 돈을 들여 기후 위기에 살아남을 방법을 찾고 있는데 탄소를 거의 배출하지도 않은 저개발 나라들은 속수무책으로 기후 위기에 목숨을 내맡기고 있는 이 부정의함을 어쩌면 좋을까?

해수면이 계속 상승한다면

남극이나 그린란드의 빙하가 녹는 것 말고도 해수면이 상승하는 원인이 또 있어. 앞에서도 이야기했는데 기억나니? 그래, 열팽창 효과 때문이야. 우리가 배출한 열을 바다가 흡수하면서 바닷물의 부피가 증가한다고 했지? 그래서 해수면이 상승한다고 말이야.

우리의 직계 조상인 호모사피엔스는 약 20만 년 전에 지구상에 등장했지만 인류가 농업을 시작한 지는 불과 1만 년쯤 전이었어. 문명을 탄생시킨 것은 그보다도 3000년이나 지나서였지. 왜 이토록 오랜 시간 인류는 한곳에 정착해서 농사를 지을 수도, 문명을 탄생시킬 수도 없었던 걸까?

오래전 지구의 기후를 알아내기 위한 방법으로 빙하 코어를 분석하는 게 있어. 빙하에 대략 지름 10센티미터로 길게 구멍을 뚫어 캐낸 원통 모양의 빙하를 빙하 코어라고 해. 이를 통해 지난 10만 년 동안의 기온 변화를 살펴봤더니 당시 기후는 오늘날과는 비교할 수 없이 변덕스럽고 혹독했대. 그러니 농사를 짓는 일은 생각할 수조차 없었던 거야. 그러다가 2만 년 전부터 기후가 따뜻해지기 시작했어. 빙하는 후퇴를 거듭했고 1만 2000년 전부터 오늘날과 같은 온화한 기후가 형성되었어. 이렇듯 온화한 기후가 지속되는 시기를 지질학 용어로 홀로세라고 불러. 홀로세의 '홀로(holo)'는 라틴어로 조화롭다는 뜻이야. 빙하가 녹으면서 해수면이 빠르게 상승했기 때문에 기후가 온화해졌다고 해서 당장 삶이 달라지진 않았어. 이미 빙하기는 끝났지만 빙하가 녹는 건 그보다 시간이 더 걸렸기 때문이야.

지금으로부터 약 7000년 전쯤 되어서야 비로소 해수면이 상승을 멈췄고 인류 문명은 강을 중심으로 자리 잡았어. 물은 생존에 가장 중요한 요소일 뿐만 아니라 강물이 실어 온 퇴적물은 기름져서 농사를 짓기에 안성맞춤이었으니까 강을 중심으로 문명이 꽃피었지. 그런데 이번에는 우리 문명이 해수면을 상승시키기 시작했어. 해수면이 상승하면서 가장 먼저 피해를 입는 곳은 남태평양에 위치한 섬나라들이야. 해수면이 계속 상승하면서 섬나라뿐만 아니라 해안에 위치한 나라나 도시도 위협받고 있어. 방글라데시와 네덜란드처럼 저지대에 위치한 나라, 또 베네치아나 뉴올리언스 같은 도시는 해마다 침수 피해로 어려움을 겪고 있지.

이런 도시들만의 문제가 아니야. 세계 도시의 40퍼센트 이상이 해안 지역에 위치해 있거든. 우리나라에도 해안가에 위치한 부산과 인천은 오래전부터 큰 도시였어. 도시가 해안가를 따라 형성되었던 이유는 왜일까? 비행기나 자동차가 교통수단으로 등장하기 전 가장 주요한 운송 수단이 배였다는 사실을 떠올려 보면 이유를 알 수 있을 거야. 해수면이 상승하면서 도시가 상습적으로 침수 피해를 입는다면 이 많은 인구는 대체 어디로 이주를 해야 할까?

펭귄을 위한 남극은 없다

빙하가 녹으면서 극지방의 생태계에 영향을 끼치고 있다고 했지? 해수면이 상승하면서 바닷물의 염도에도 변화를 줘서 해류에 영향을 주고 있어. 다시 말하면, 짠물인 바다에 민물인 빙하가 녹아 섞이면 소금물 농도가 낮아지잖아. 대체 얼마나 많은 빙하가 녹기에 이런 일이 벌어질까?

대서양 해류는 세계 최대 해류로 유럽 기후와 바닷물 순환에 영향을 줘. 대서양은 북극해와 닿아 있는데 남쪽의 따뜻한 물이 북쪽으로 올라가 찬물과 섞이도록 하는 것이 대서양 해류의 역할이야. 우리나라보다 위도가 높은 유럽의 겨울철 날씨가 우리나라보다 온화한 까닭이 바로 대서양 해류 덕분이야. 그런데 점차 염도가 낮아지면서 북쪽으로 흐르던 해류의 흐름이 약해지고 있대. 해류의 흐름이 약해지면 유럽 쪽으로 따뜻한 물을 실어 나르는 일도 둔화되겠지? 앞으로 유럽의 기후는 겨울이면 더 춥고 혹독해질 거라고 해.

오랫동안 쌓인 눈이 무게에 눌려서 얼음으로 바뀐 걸 빙하라고 해. 눈이 많이 쌓일수록 압력은 커지고, 계속 압력이 커지면 빙하 밑바닥은 압력 때문에 녹아. 녹은 물은 마치 기름처럼 윤활유 역할을 하면서 땅 표면을 따라 얼음이 미끄러져. 이 과정에서 빙하는 점점 범위를 확장해 가지. 빙하가 넓은 면적을 차지하면 그만큼 햇빛을 반사하는 면적이 넓어지고 그래서 기온은 더 낮아지고 빙하는 더 자라는 거야.

육지에서 시작된 빙하가 바다 위로 수평으로 자라면서 마치 선반같이 된 얼음을 빙붕이라고 해. 두께는 대략 300에서 900미터쯤 돼. 그런데 2020년 8월, 그린란드에서 커다란 빙붕이 떨어져 나갔어. 그 면적이 자그마치 프랑스 수도인 파리시보다도 넓었어. 그린란드는 북극해에 있는 섬인데 북극이 더워지면서 영향을 받는 거야.

가장 큰 육상 빙하가 있는 남극 사정은 어떨까? 최근 들어 남극에 땅이 드러나고 진흙투성이가 된 펭귄 사진이 SNS에 올라오기도 했지. 남극 대륙의 평균 기온은 지난 50년과 비교해 보면 거의 3도 가까이 올랐다고 해. 2020년 남극의 여름인 2월에는 섭씨 20도를 기록하기도 했어. 따뜻해진 남극에 눈 대신 비가 내리면서 우려스러운 일들이 점점 더 생기고 있지. 어른 펭귄과 달리 새끼 펭귄은 온몸이 솜털로 덮여 있어. 그래서 추위에는 견디지만 몸이 젖으면 체온을 유지하기가 어렵거든. 펭귄이 낳은 알이 물웅덩이에 빠져 부화가 불가능한 상태가 돼 버리는 일도 벌어져. 그래서 남극의 기온 상승은 펭귄의 개체 수에 치명적인 영향을 끼칠 수 있어. 펭귄 개체수가 줄어드는 문제는 단지 펭귄에서 끝나지 않아. 펭귄의 알과 새끼를 먹으며 살아가는 남극도둑갈매기에게도 영향을 끼칠 거니까.

남극 빙하가 줄어들면서 크릴도 줄어들고 있어. 크릴은 대왕고래, 아델리 펭귄부터 물범, 바닷개, 물고기 등 남극에 사는 대부분 동물의 먹이야. 남극 생태계가 유지되는 데 무척 중요한 위치에 있지. 크릴은 동물성 플랑크톤으로 빙하 아래쪽에 서식하는 식물성 플랑크톤을 먹이로 삼아. 그런데 빙하가 줄어드니 크릴 먹이도 줄어들 수밖에 없어. 기후 변화가 끼치는 영향은 정말 전 방위적이라는 게 실감이 나지 않니?

크릴은 새우를 닮았지만, 난바다곤쟁이목에 속하는 갑각류로 남극 바다에 주로 서식해. 최근에 크릴에서 추출한 크릴 오일이 건강식품으로 알려지면서, 안 그래도 부족한 크릴을 사람까지 거들어서 마구 먹어치우고 있어. 마치 만병통치약처럼 홍보가 되고 있다는데 왜 하필 그게 크릴 오일일까? 청정 지역인 남극에 살고 먹이사슬의 맨 아래쪽이라 중금속 등 유해 물질로부터 비교적 안전하다는 게 크릴이 건강식품이 된 이유야.

또한 물고기 낚시 미끼, 연어 사료, 고양이 간식 등으로도 쓰이면서 크릴 수가 급격히 줄어든다고 해. 이렇게 인간이 가져가 버리니 크릴을 먹고사는 해양 동물들은 또 얼마나 배가 고플까? 대왕고래는 번식지에서 새끼를 낳은 다음 새끼와 함께 5000킬로미터나 되는 거리를 헤엄쳐서 남극 바다로 온대. 그렇게 찾아온 바다에 크릴이 줄어 있다면 대왕고래는 어떻게 될까?

21세기 말까지 크릴의 서식지는 최대 절반가량 사라질 수 있대. 현재 해양보호구역은 4퍼센트에 불과해. 너도나도 바다에 있는 것들을 무분별하게 가져올 수 없도록 환경 단체와 해양학자들은 해양보호구역을 바다 면적의 3분의 1로 지정해야 한다고 해. 어업, 채굴, 석유 시추 등 파괴적인 산업을 금지하자는 의견도 내놓았어. 이러한 노력이 우리에게 희망을 줄 수 있을까?

그럴 수 있으리라 생각해. 한 예로, 미국 캘리포니아의 몬터레이만은 야생 동물이 많기로 유명한 곳이야. 이곳도 한때 지나친 어업과 사냥으로 여러 동물이 멸종 위기에 처했지. 그러자 미국 정부는 1992년 이곳을 국립해양보호구역으로 지정했고 이후 동물들이 놀라운 속도로 회복되었어.

유엔에서 세계 해양조약을 체결하려고 여러 나라들이 노력하고 있어. 우리도 힘을 보태 보자. 관련한 활동을 하는 환경 단체를 후원하고 지지하고 주변에 알리는 거야. 바다를 지키고 보호하는 것도 기후 위기에 대응하는 활동이니까.

물을 물처럼 쓰면 안 돼!

빙하 장례식

빙하 장례식에 대해 들어 봤니? 생명도 없는 빙하에 무슨 장례식이냐고? 2019년 9월, 스위스 북동부 알프스 산맥에 있는 피졸산에 어린이를 포함한 지역 주민과 환경 운동가 등 250여 명이 모여서 피졸 빙하 장례식을 치렀어. 일부 조문객은 빙하의 흔적만 남아 있는 말라 버린 땅에 꽃을 꽂으며 사라진 빙하를 애도했지. 피졸산 정상에 있던 빙하 대부분이 2006년 이후 13년 동안 90퍼센트 가까이 사라졌다고 해. 이게 전부가 아니야. 1850년 이후 스위스에서만 500개가 넘는 빙하가 완전히 자취를 감추었거든.

알프스 산맥 최고봉인 몽블랑은 프랑스어로 흰 산이라는 뜻인데 1년 내내 만년설을 이고 있어서 풍광이 참 멋져. 그걸 보려고 많은 관광객이 찾아오고 스키를 즐기기도 해. 또한 알프스 산맥 곳곳에 자리 잡은 빙하가 갖는 가장 큰 의미는 수백만 지역 주민들의 중요한 식수원이라는 사실이야.

지구는 표면적의 71퍼센트가 물로 덮여 있어 '물의 행성'이라고 하지. 그렇지만 우리가 이용할 수 있는 물인 담수는 고작 2.5퍼센트인데, 그중 68.7퍼센트의 담수가 빙하와 만년설에 갇혀 있어. 빙하가 서서히 녹아내리면서 공급하는 물에 세계 인구의 4분의 1이 의존하며 살아가고 있거든. 그러니 빙하가 사라진 걸 애도하며 장례식을 치른 까닭은 단지 그게 얼음덩어리가 아니라 생명의 근원이기 때문이야.

히말라야 빙하가 녹은 물은 인도의 갠지스강과 인더스강, 메콩강과 양쯔강의 상수원으로 중국, 인도를 거쳐가. 미얀마, 태국, 라오스 등 동남아시아를 흐르며 여러 나라 사람들에게 식수와 농업용수를 제공하고 있어. 빙하 주변에서 살아가는 사람들에게 그야말로 생명수가 아닐 수 없지. 그런데 지구 온난화로 빙하가 녹는 속도가 너무 빨라지면서 곳곳에 문제가 생기고 있어. 빙하가 녹아내린 물이 호수를 이루기도 하는데 너무 빨리 그리고 너무 많은 양이 한꺼번에 녹아내리게 되는 거야. 순식간에 불어난 물을 감당하지 못한 호수는 그만 터져버리고 말아.

마치 바다에서 해일이 밀려오듯이 호수가 아래쪽에 있는 마을을 덮치는데, 이걸 '빙하 쓰나미'라고 해. 이렇듯 물이 마을을 덮치고 쓸려가 버리면 피해는 말할 것도 없고 빙하가 사라진 만큼 물이 줄어들겠지. 빙하 쓰나미로 피해를 보는 인도 정부는 호수를 관리할 대책을 내놓고 있지만 녹아내리는 빙하 속도를 따라잡기에는 역부족이야.

2021년 2월에 있었던 일이야. 인도 북부에 위치한 히말라야 산맥의 난다데비산에서 빙하가 강 상류에 떨어지면서 불어난 강물에 적어도 200명이 넘는 사람들이 휩쓸리며 실종되었어. 목격자들에 따르면 빙하가 쏟아지듯 떨어졌다고 해. 히말라야 빙하가 빠르게 녹아내리면서 물이 부족해지자 중국과 인도는 상류에다 대형 댐을 잇달아 짓고 있는데, 물을 차지하기 위한 댐을 두고 두 나라 사이에서 분쟁이 일고 있지. 뿐만 아니라 인도와 중국에서 댐을 만들어 물을 독점하면 아래쪽에 위치한 메콩강 등에서 물을 공급받던 동남아시아의 여러 나라는 더욱 물 기근에 시달릴 수밖에 없어. 단지 상류에 위치한다는 이유만으로 자연스레 흐르던 강물을 막는 일은 인간이 얼마든 자연을 소유할 수 있다는 생각에서 비롯된 것 같아.

세계의 기후 재난

'짐바브웨'라는 나라, 들어 봤니? 부패한 정치로 경제가 파탄에 이른 나라야. 돈이 휴지 조각처럼 돼 버려 수레에 한가득 돈을 싣고 가야지만 겨우 생필품을 살 수 있는 지경이지. 가뜩이나 경제도 어려운데 짐바브웨에는 2019년 봄과 가을 두 차례에 걸쳐 재난이 닥쳤어. 그해 3월에 남부 아프리카를

덮친 사이클론 '이다이'로 특히 짐바브웨가 상당한 피해를 입었거든.

사이클론은 인도양과 태평양 남부에서 부는 열대성저기압으로 태풍을 그 지역에서 부르는 말이야. 사이클론이 몰고 온 비로 폭우가 쏟아지면서 홍수가 발생해 집이 무너지고 도로가 끊기는 등 재해가 발생했어. 또, 그해 10월에는 수년 만에 맞이한 최악의 가뭄으로 심각한 상황에 처했지. 식량과 물이 부족해지면서 또다시 시련의 시간이 닥쳐왔어. 비가 내려야 할 우기에 비가 내리지 않고 극심한 가뭄이 두 달 동안 이어진 거야. 결국 짐바브웨 인구의 3분의 1은 식량 원조가 필요할 만큼 경제난에 시달리게 됐어. 유엔세계식량계획(WFP)은 200만 명 정도가 굶주림의 위험에 처해 있다고 발표했어. 한 해에 홍수와 가뭄이 반복되면서 농사가 어땠을지 굳이 설명하지 않아도 짐작할 수 있을 거야.

예측할 수 없는 기후는 가장 먼저 먹고사는 문제에 영향을 끼쳐. 무서운 일이지. 태풍과 가뭄 이후 1년이 지난 2020년에 국제구호단체인 옥스팜이 밝힌 자료를 보니 10만 명이 넘는 모잠비크와 짐바브웨 사람들이 여전히 무너진 집이나 임시 거처에서 살고 있었어. 도로, 수도 시설 등의 인프라가 복구되지 않은 채 말이야. 짐바브웨가 재난의 한복판에 있는 까닭은 기후 문제가 첫째 이유지만 부패한 정치도 영향이 없지 않아. 그러니 민주주의가 제대로 작동될 때 기후 문제에 적응이나 대응도 할 수 있는 거라고 생각해.

지구는 뜨거워지는데, 왜 한파가 심해질까

기후 재난은 잘사는 나라에서도 벌어져. 2021년 2월, 미국에는 눈 폭풍이 불어닥치며 한파와 함께 폭설이 쏟아졌어. 18개 주 550만 가구는 정전을 겪어야 했지. 특히 피해가 컸던 텍사스주 이야기는 책의 맨 앞에서도 잠깐 했지? 텍사스는 고온건조한 사막 기후여서 겨울에도 영상 10도 정도 기온을 유지하는데, 지난겨울에는 영하 20도 안팎까지 떨어진 거야. 지구 기온은 계속 오르는데 왜 이런 한파가 닥친 걸까?

지구는 자전을 하기 때문에 위도마다 공기 흐름이 조금씩 달라. 우리가 사는 위도에서는 편서풍이, 북극권에는 제트 기류가 흘러. 극지방 상공에는 영하 50~60도에 달하는 폴라 보텍스라고 하는 공기주머니가 있거든. 이걸 제트 기류가 감싸고 북극권에 가둬. 하지만 최근 빠르게 북극 기온이 상승하면서 제트 기류가 약해지고 만 거야. 말하자면 냉장고 문이 일부

고장 나서 냉장고 안에 있는 찬 공기가 조금씩 바깥으로 쏟아져 나오는 거라고 생각하면 돼.

약해진 제트 기류가 축 늘어지면서 북극과 시베리아 지역의 찬 공기가 흘러들어 폭설과 한파가 닥쳤어. 한파에 대비하지 않았던 발전소들은 가동이 중단됐지. 텍사스는 전력의 40퍼센트를 천연가스로 생산하는데 가스 파이프라인이 얼어 버린 거야. 풍력 발전기 역시 얼어붙는 바람에 전기를 생산할 수가 없었지.

전기가 끊기면 전기로 공급되던 수도도 끊겨 일상생활이 멈춰 버릴 수밖에 없어. 일부 지역에선 전기가 완전히 차단되는 블랙아웃이 되면서 인터넷도 다 끊겨 추위 속에서 고립되는 일이 벌어졌지. 캠핑용 스토브로 식사를 만들어 먹고, 벽난로가 있는 집에서는 마지막 남은 장작을 다 때고 나자 벽에 걸린 그림까지 떼서 태웠다고 해. 미국 대공황 시절에 사람들이 추위를 견디느라 휴지 조각이 된 돈을 태우던 모습이 그와 비슷하지 않았을까 싶었어.

이런 소식을 접하는 동안 마치 100년 전으로 시간 여행을 하는 기분이었어. 한파로 노숙인들이 목숨을 잃고 바다거북이가 뚝 떨어진 기온에 기절하는 안타까운 일도 있었지. 2020년 9월, 미국의 덴버는 기온이 40도 가까이 오르는 폭염이 3

일 동안 이어지다가 갑자기 기온이 영하로 곤두박질치면서 폭설이 내렸어. 기상과학자 캐더린 헤이호는 이런 현상이 불규칙하게 반복되면서 괴상한 기후를 만들어 낸다며 '글로벌 위어딩(Global Weirding)'이라 부른대. 지구 온난화(Global Warming)을 비튼 말이지.

일상화되는 폭염

여름이면 횡단보도, 교통섬, 버스 정류장 등에 그늘막이 펼쳐진 모습을 심심찮게 볼 수 있어. 2013년 서울시 동작구 구청 직원의 아이디어로 시작되어 이제는 해마다 여름이 되면 볼 수 있는 풍경이야.

시민을 위한 서비스라고 단순히 생각할 수도 있지만 폭염이 일상화되고 있다는 걸로 해석할 수도 있어. 특히 2018년 폭염은 굉장했어. 숨을 들이마시면 뜨거운 공기가 입 안으로 들어와 순간 질식할 것만 같았거든. 그해 여름철 전국 폭염 일수와 열대야 일수를 집계한 자료를 보니 평년보다 3배나 많았어. 1973년 과학적인 기상 통계를 작성한 이래 처음 있는 기록들이었다고 해.

독일 북부 하노버 공항에서는 활주로 하나가 폭염으로 훼손되는 바람에 공항 운용이 중단되는 사태가 벌어졌어. 항공기 이착륙에 문제가 생기면서 승객 수천 명은 일정이 엉망이 되었겠지. 비가 많이 내려 내륙에도 수로를 파서 물류를 이동하던 네덜란드에는 수십 년 만에 최장 기간 가뭄이 닥쳤어. 강물이 말라 버려 물류 수송에 애를 먹었지. 이 모든 게 2018년에 있었던 일이야. 그 이후라고 달라졌을까?

가뭄, 폭우, 폭설, 폭염, 빙하가 녹는 문제는 결국 물 순환의 문제야. 지구 기온이 오르면서 지구 물 순환에 문제가 생겼지만 지난 100년 동안 인류의 물 소비량은 거의 10배 정도 늘었어.

유엔환경계획(UNEP)은 지금과 같은 인구 증가와 1인당 물 사용량이 증가하게 되면 위기의 미래를 마주할 거라고 경고하고 있어. 2025년에는 세계 인구의 3분의 1이 심각한 물 부족에 시달릴 수도 있다고 해. 물은 생명을 가진 모든 존재에게 없어서는 안 될 필수재야. 그런데 물의 주요한 공급원인 빙하는 빠른 속도로 녹아 쓸려가 버리고, 내리는 비는 가뭄과 폭우를 반복하는 패턴을 보여. 무슨 방법이라도 없을까?

모자라는 물을 빗물로 충당하는 방법이 전문가들 사이에서 나오고 있어. 특히 우리나라처럼 여름에 집중적으로 비가 많이 내릴 경우 그 물을 받아 두었다가 필요할 때 쓰자는 거야.

도시뿐 아니라 사람이 사는 곳 대부분의 땅은 아스팔트 등으로 포장이 돼 있어. 비가 내려도 빗물이 땅속으로 스며들지 못하고 그대로 하수구를 통해 강을 따라 바다로 흘러가 버려. 물은 증발하면서 열을 흡수하거든. 빗물을 저장할 수 있는 숲이 곳곳에 많이 있어야 도시가 덜 더울 텐데 말이야. 빗물을 흘려 버리고 많은 에너지를 들여 정수 처리한 수돗물로 밥도 하고 샤워도 해. 심지어 그 깨끗한 물로 청소도 하고 화장실 변기 물도 내려. 너무 아깝잖아.

예전에 독일 프라이부르크에 있는 생태 마을 보봉에 간 적이 있어. 그 마을에 있는 주택들은 지하실에 빗물을 모아 두는 저장 시설을 갖고 있었어. 내리는 빗물을 받아서 청소나 변기 물로 사용하는 거지. 우리나라 고속도로 휴게소에 중수도 시설이 설치되어 있는 걸 본 적이 있니? 한 번 사용한 깨끗한 물을 화장실 변기 물로 재사용하는 거야. 텃밭이나 정원에 주는 물도 가능하면 빗물을 받아서 하면 어떨까? 물을 정수하느라 들어가는 에너지도 아끼고 버려지는 빗물을 모아 두었다가 쓸 수 있으니까.

　뜨거운 날 건물 외벽이나 도로에 물을 뿌리면 도시의 기온을 낮출 수 있어. 기화열 때문인데, 이럴 때 쓰는 물도 모아 둔 빗물로 하면 어떨까? 탄소 배출을 줄이는 것과 동시에 빗물을 잘 이용하는 것도 함께 고려하면 좋겠어. 도시에 빗물이 스며들 수 있는 보도블록을 깔면 홍수 조절에도 도움이 될 수 있지. 우리나라도 여러 지방정부에서 빗물 저금통을 보급하고 있어. 여름에 집중호우가 내릴 때 빗물을 많은 곳에서 모으면 홍수를 방지할 수 있지 않을까? 물이 귀할 때 꺼내 쓴다면 가뭄에도 요긴할 수 있고 말이야. 어때, 빗물의 가치에 얼른 눈을 떠야 할 때인 것 같지?

함께 토론하기: 기후 재난

1. 세계 기후 난민이 우리 나라로 집단 이주를 한다면?

찬성 우리도 난민이던 때가 있었어.

역지사지할 필요가 있어.

반대 치안이 불안하고 우리 일자리가 줄어들지 않을까?

북극 얼음이 녹으면서 그곳 주민들의 삶이 어떻게 바뀌는지 조사해 보자.

---

2. 탄소를 많이 배출하는 기업에게 탄소세를 부과하자!

찬성 오염을 시킨 사람이 세금을 더 부담하는 건 당연하니까.

반대 코로나19로 침체된 경기 회복에 악영향을 줄 거야.

기후 재난의 사례를 조사하고 이야기를 나눠 보자.

---

3. 전 세계 바다의 3분의 1을 해양보호구역으로 지정하자!

찬성 수산물 남획으로 어류의 개체수가 줄어들고 있대.

반대 어업 규제가 심해지니 어민들이 어떻게 살겠어?

기후 변화에 대처하는 세계 각국의 활동을 조사해 보자.

기후 위기에 대응하는
우리의 실천

그레타 툰베리가 2018년 8월 '기후를 위한 결석 시위'를 시작하면서

전 세계 청소년들과 청년들이 들불처럼 기후 위기를 외치며 거리로 뛰쳐나왔어.

툰베리는 미국 청소년들이 총기 규제를 촉구하며 벌였던 행진에서

영감을 얻고 기후 변화를 위한 1인 시위를 시작했다고 해.

'변화'를 불러오기 위해 우리는 뭐부터 하면 좋을까?

더 나은 지구를 위한 일이야!

2021년 1월 새해가 시작되면서 화제를 모은 일이 하나 있었어. 조 바이든이 46대 미국 대통령으로 취임하는 날, 키스톤 파이프라인 건설 허가를 취소한다고 발표했거든. 대체 파이프라인 건설을 취소하는 게 얼마나 중요한 문제이기에 전세계인이 지켜보는 취임식 자리에서 거론했을까?

바이든은 대통령 후보 시절부터 기후 위기에 관해 자주 언급했어. 대통령이 되면 가장 먼저 파리기후협약에 복귀할 거라고도 했지. 파리기후협약이란 2015년 프랑스 파리 르브르제에서 열린 21차 기후 변화협약당사국총회에서 결의한 협약을 말해. 전 세계 195개 나라는 2100년까지 지구의 평균 기온 상승 폭이 산업화 이전에 비해 2℃를 넘지 않도록 하고, 더 나아가 1.5℃까지 제한하도록 노력하기로 합의했지. 이렇게 합의한 파리기후협약을 2017년에 트럼프 전 대통령이 일방적으로 탈퇴한다고 선언해서 세계인들의 비난을 받았거든. 취임식 날의 저 발언은 아마도 바이든이 기후 위기에 적극적으로 대응하겠다는 의지를 보여 준 것 같아.

키스톤 파이프라인은 캐나다 앨버타주에서 미국 텍사스주까지 기름을 수송하는 송유관으로 길이가 무려 1900킬로미터야. 한반도의 남북을 가로지르는 거리가 대략 1000킬로미터니까 얼마나 긴지 짐작 가지? 대략 한반도 두 배 길이의 송유관을 건설해서 기름을 수송하겠다는 거야. 지역 주민들과 환경 단체들은 송유관 건설을 오랜 시간 반대해 왔어. 송유관이 지나는 곳에 멸종 위기 종을 비롯해 많은 생물들의 서식지가 있고 상수원인 강을 지나기 때문이야.

가뜩이나 송유관 기름 유출로 생태계가 오염되는 등 크고 작은 사고가 끊이질 않는데 그렇게 긴 송유관이 건설되면 사고 가능성이 얼마나 많아지겠니? 키스톤 파이프라인이 지나가는 지역에서 일어나는 문제도 상당히 위험하지만 앨버타에서 기름을 채굴하는 과정에서 생기는 문제도 자못 심각해.

인구가 400만 명인 앨버타를 만약 하나의 국가라 가정한다면, 앨버타는 전 세계에서 다섯 번째 산유국이 될 거야. 그 정도로 엄청난 기름을 생산하고 있어. 앨버타에서 생산되는 석유는 아한대 숲 아래에 매장돼 있는데, 아한대는 온대와 한대의 중간에 있는 지역을 말해. 일반적인 원유와 달리 모래랑 섞인 끈적거리는 아스팔트 형태의 타르야. 이걸 '오일 샌드'라고 하는데, 채굴하려면 먼저 그 위에 있는 숲을 없애야 해. 숲을 벗겨 버리면서 그곳에 살던 순록, 들소, 무스, 새, 물고기 등의 서식지는 사라지고 결국 그 많은 동물들도 함께 사라지겠지.

채굴하기 위해 지층에 물의 압력을 이용해 파쇄하는 과정도 거치게 돼. 이런 공법을 '프래킹'이라고 불러. 이때 사용하는 물에는 온갖 화학 물질을 첨가하지. 모래층에서 타르를 뽑아내고 나면 오염된 물이 남아. 연구자들에 따르면 프래킹 할 때 들어가는 화학 물질에는 심각한 질병을 일으킬 수 있는 수백 가지 독소가 포함되어 있대. 사용하고 난 물에도 그런 화학 물질이 남아 있으니 아무 데나 버릴 수 없어. 그걸 담아 놓은 물 웅덩이가 또 여기저기 생겨. 어떤 웅덩이는 올림픽 규격 수영장 50만 개 이상을 채울 수 있는 규모여서 우주에서도 보일 정도야. 한곳을 뚫는데 올림픽 규격 수영장 10개에 해당하는 수백만 갤런(1갤런은 3.78리터)의 물을 낭비한다니, 구름 한 점 없는 하늘을 쳐다보며 비를 기다리는 아프리카 사람들을 생각하면 너무나 아깝고, 안타까워.

또한 채굴지 주변 토양과 대기, 강물에서 고농도의 납이나 암모니아 등 중금속과 화학 물질이 검출되니 지역 주민들은 오염을 빗겨 가기가 어렵겠지. 태어나지도 못하고 엄마 배 속에서 숨을 거둔 아기, 선천성 질병을 갖고 태어난 아이, 각종 암에 시달리는 주민들의 고통이 과연 프래킹과 무관할 수 있을까?

앨버타에는 조상 대대로 살아오던 선주민들이 있어. 역사가 깃든 숲이 사라지고 물이 오염되면서 삶의 터전을 잃어버리니 얼마나 마음 아프고 고통스러울까? 온실가스 때문에 기후가 문제라는 사실은 알아도 우리의 편리와 풍요를 누리기 위해 사용하는 화석 연료의 채굴과 운송 과정에서 이런 일이 벌어지고 있다는 사실을 아는 사람은 아마도 많지 않을 거야.

기후 위기의 가장 큰 책임을 져야 할 곳은 화석 연료 기업이야. 지난 50년 동안 전 세계 온실가스의 35퍼센트를 화석 연료 기업이 배출했어. 그들은 화석 연료가 가져올 위험을 끊임없이 부인하고 왜곡했거든. 기름 유출 사고가 끊이질 않는데도 석유 기업은 북극해에서 석유를 시추하려는 시도를 하고 있어. 바다에 구멍을 뚫다가 행여 발생할 유출 사고가 불러올 재앙은 생각만 해도 끔찍해.

2007년 12월 충남 태안에서 안타까운 일이 벌어졌어. 삼성 허베이스피릿호 기름 유출 사고가 있었거든. 기름을 뒤집어쓴 채 죽어 가는 새들을 기억하는 일은 지금도 너무 고통스러워. 시간이 한참 흘렀으니 바다 위는 깨끗해졌지만 바닷속은 여전히 가라앉은 기름으로 해양 생물들이 제대로 살기 어렵다고 해. 1989년에도 그와 비슷한 사고가 있었어. 기름을 싣고 가던 엑손발데즈 유조선이 알래스카의 프린스 윌리엄 사운드에 24만 배럴(약 3800만 리터)의 석유를 쏟았어. 유출된 기름 가운데 7퍼센트도 안 되는 양만 회수하고 나머지는 그대로 바다에 남겼다고 해. 궁금하지 않니? 그 바다에 살던 해양 생물들은 어떻게 됐을까?

기름 유출을 막을 유일한 방법은 화석 연료를 땅속에 그대로 두는 거야. 채굴을 멈추는 거지. 그러려면 화석 연료를 대체할 제품을 개발해야 하고 에너지원을 전환하는 일도 중요해. 가능하면 석유 화학 제품 사용을 줄이는 생활 속 불편을 감수할 마음의 자세도 중요하지. 무엇보다, 이러한 기후의 심각성을 많은 시민에게 알려야 해. 탄소 배출을 줄이는 정책을 정부가 과감히 시행하도록 하려면 우리는 뭘 해야 할까?

과감한 정책은 결국 법을 만드는 건데 그건 입법 기관인 국회의 일이거든. 탄소 배출을 많이 하는 기업을 규제할 법을 만들도록 우리 지역 국회의원에게 편지를 보내고 '지역 주민과의 만남의 날'에 만나서 건의를 해 보는 건 어때? 너희는 곧 유권자잖아, 이제 몇 년 안 남은!

2020년 9월, 포르투갈 청소년 여섯 명이 유럽인권법원에 기후 소송을 제기했어. 상대는 파리기후협약에 가입한 유럽 33개 나라였지. 이 청소년들이 소송을 제기한 까닭은 폭염과 산불로 위협을 느꼈기 때문이야. 청소년들 가운데 소피아, 안드레 남매는 리스본에 살고 있는데 2018년에 리스본의 기온이 40도까지 올랐대. 남매를 제외한 네 명은 포르투갈 중부 레이리아 출신이야. 2017년 6월과 9월 고온건조한 날씨가 계속되면서 레이리아에 산불이 났고 120명이 넘는 사망자가 발생했어. 폭염과 산불을 경험하면서 기후 위기의 심각성을 피부로 느낀 청소년들은 유럽 나라들이 기후 위기에 제대로 대응하고 있지 않다고 판단했던 거야.

유럽인권법원은 이들의 소송이 적법하다고 인정했고 유럽 33개 나라의 온실가스 감축 계획을 제출받았어. 과연 이 청소년들의 주장처럼 이들 나라가 온실가스 감축 노력을 제대로 하지 않아서 미래 세대의 생존을 위협하는지 살펴보려고 말이야. 기후 소송은 네덜란드에서 이미 승소한 적이 있고 우리나라에서도 청소년들이 기후 소송을 진행하고 있어. 지금 제대로 대응하지 않을 경우 기후 문제는 점점 더 악화될 수밖에 없어. 그래서 하루라도 시급하게 대응하고 조치를 취해야 해.

청소년은 미래 세대일까? 청소년은 현재를 살고 있기 때문에 현재 시민이고 어른 아이 할 것 없이 다 같은 동료 시민이지. 그렇기 때문에 너희에게 필요한 권리를 요구할 '권리'가 있어. 갑자기 왜 이런 말을 하느냐고?

"너 때문에 회사 지각하게 생겼어! 너희들은 출근할 직장도 없잖아!"

2019년 6월 런던 웨스트민스터 다리를 점거한 채 기후 행진을 하는 한 청소년을 향해 출근길 시민이 던진 말이야. 2018년 10월, 영국에서 '멸종 반란(Extinction Rebellion)'이라는 단체가 생겼어. 기후는 날로 악화되는데 기업과 정부는 도무지 변하려는 낌새가 보이지 않자 이러다 인류가 절멸할지도 모른다는 불안감을 느낀 남녀노소 시민들이 모여 만든 단체야. 웨스트민스터 다리를 점거한 청소년은 바로 이 단체에서 활동을 했어. 더 나은 지구를 위해 실천한 행동인데 마치 세상물정도 모른다는 듯 비난을 받다니.

저 말을 들은 당시 15세 청소년 제임스 마이어는 한 매체와 인터뷰에서 "직장인들은 회사에 늦을 수 있겠지만 어쩌면 우리는 출근할 직장이 없을 수도 있어요"라고 말했어. 한 경찰관이 "너희들에게는 범죄 기록이 남을 것이다. 이제 너희의 미래는 끝이다"라고 말했대. 제임스는, 기후 위기로 미래도 없을 수 있는데 그렇게 파멸을 맞이하느니 전과 기록을 갖더라도 기후 행동을 하는 게 낫겠다고 이야기했다는구나.

제임스의 절박함에 동의하니? 도로를 점거하고 교통을 방해하는 일이 최선의 방법이 아니라고 힐난하는 사람들을 향해 멸종 반란은 힘주어 말하고 있어. 그렇게 행동할 때 비로소 사람들이 기후 문제에 대해 논의를 시작할 거라고. 논의가 되어야 기후 위기 문제를 정치적인 의제로 만들 수 있으니까.

기후 이야기는 아니지만 우리나라에서 있었던 이와 비슷한 일화가 떠올랐어. 2021년 2월에 장애인 단체가 지하철에서 시위를 벌인 적이 있어. 하필 그날은 설 연휴가 시작되는 바로 전날이었어. 많은 사람들이 장애인 단체를 비난했지. 왜 하필 그날이냐고! 그런데 그날이었기 때문에 많은 사람들이 관심을 가졌던 것 아닐까? 휠체어를 타고 이동하는 일이 거의 불가능한 장애인 문제에 대해 과연 몇 명이나 평소에 관심을 가지고 제도를 개선하려고 노력했을까? 기후 문제는 더구나 훨씬 광범위하게 더 많은 사람들의 생존이 걸린 문제야.

이야기한 김에 멸종 반란의 활동을 더 소개해 볼게. 2019

년 4월 15일, 이들은 영국 시민 수만 명과 함께 의회광장과 워털루 다리, 마블 아치, 자연사박물관 등을 점거한 채 바닥에 드러눕는 시위를 벌였어. 같은 해 7월에는 멸종 반란 멤버들이 영국 전역의 도시에서 통행을 방해하는 '여름 반란(Summer Uprising)'도 진행했어. 곳곳에서 점거 농성을 벌이면서 정부가 신속하게 기후 위기에 대응할 것을 촉구했지.

영국 정부는 기후 위기 비상사태를 선포했고 탄소 저감을 위한 대책들을 하나둘 내놓았어. 정당하지 않은 법률이나 정부의 명령을 거부하는 시민 정치 참여의 한 방법을 '시민 불복종 운동'이라고 해. 이들이 하는 도로 점거는 불법이야. 하지만 가장 빠르고 절실하게 시민들의 관심을 불러일으키는 행동이지 않을까? 기후 위기는 모두의 생존이 걸린 문제니까.

더 나은 지구를 위한 행진

2018년 기준 우리나라 온실가스 배출량의 86.9퍼센트는 에너지 분야에서 배출되고 있어. 온실가스 배출을 줄이기 위해 가장 먼저 해야 할 일이 뭔지 알 것 같지? 그래, 에너지 소비를 줄이는 거야. 그리고 화석 연료 중심의 에너지를 재생 에너지로 전환해야겠지. 우리나라 정부는 2020년 '탄소 중립'을 선언하면서 60기 석탄 화력발전소 가운데 30기를 2034년까지 폐쇄하기로 했어. 그런데 석탄 화력발전소를 줄이겠다고 하면서 아이러니하게도 한전은 인도네시아와 베트남에 석탄 화력발전 사업에 투자하기로 결정했어. 이에 '청년기후긴급행동' 단체는 이런 정부와 기업을 향해 당장 석탄에서 손을 떼라며 시위했지.

탄소 중립이 뭐냐고? 앞서 탄소 발자국, 탄소 배출 등의 단어를 접했으니 쉽게 이해할 수 있을 거야. 탄소 중립은 넷제로(Net Zero)라고도 하는데, 배출한 탄소와 흡수한 탄소를 합쳐 0이 되도록 한다는 뜻이야.

생각해 봐, 개인이든 나라든 예산을 세워야 규모 있는 살림을 할 수 있어. 탄소 배출도 마찬가지야. 지구의 평균 기온이 산업혁명 이전보다 1.5℃ 이상 오르지 않도록 하려면 앞으로 탄소 배출을 얼마나 해야 하는지 그리고 지금처럼 소비할 경우 몇 년 안에 지구의 평균 기온이 1.5℃에 이를지 과학자들이 계산해 봤어. 그걸 탄소 예산이라고 해. 지금처럼 소비하며 살 경우 2021년 6월 기준으로 탄소 예산은 약 6년 6개월 정도 남았어. 탄소 배출을 줄이면 시간은 점점 늘어나겠지? 그런데 얼마나 줄여야 할까? 파리기후협약에 따르면 적어도

2030년까지는 2010년 대비 온실가스를 45퍼센트 줄여야 하고 2050년까지 탄소 중립을 이뤄야 해.

그레타 툰베리는 이제 많이들 알지? 2018년 8월, 툰베리가 '기후를 위한 결석 시위'를 시작하면서 전 세계 청소년들과 청년들이 들불처럼 기후 위기를 외치며 거리로 뛰쳐나왔어. 툰베리는 미국 청소년들이 총기 규제를 촉구하며 벌였던 '우리 생명을 위한 행진(March for Our Lives)'에서 영감을 얻고 1인 시위를 시작했다고 해. 재차 강조하지만 생각만으로 변화는 오지 않아. 위기라고 느낀 사람들이 주체가 되어 국가를 향해, 시민들을 향해 위기를 알리고 함께 행동하는 것이야말로 변화를 불러오는 가장 빠르고 가장 효과적인 방법일 거야.

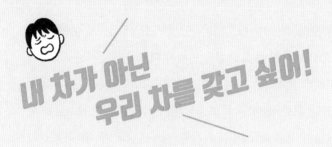

내 차가 아닌 우리 차를 갖고 싶어!

우리 집 전기차로 바꿨어.

와~ 그거 친환경 맞지?

응. 매연이 안 나오니까. 진짜 친환경은 뚜벅이 아닐까?

왜? 자전거도 있잖아!

그래. 자전거 탄 지도 오래됐다~

그럼 오늘 자전거 함께 탈래?

바람도 시원하고 좋지~

자동차의 시대

너희는 아마 골목길을 잘 모를 거야. 드라마나 영화에서 본 정도일까? 아니면 시골 마을을 여행하며 걸었을까? 내가 어릴 때만 해도 지금처럼 아파트가 거의 없을 때라 동네마다 골목길이 있었어. 골목길은 우리들의 놀이터였지. 학교 다녀온 아이들은 골목에 모여 고무줄놀이도 하고 비석치기, 구슬치기, 딱지치기를 하며 놀았어. 굳이 서로 만나자고 약속할 것도 없이 골목에 나가면 늘 아이들이 있었고 자연스레 어울렸지.

자동차가 오면 어떡하느냐고? 그땐 자동차가 많지 않던 시절이었고, 고작해야 자전거가 지나다닐 정도였어. 한참 놀다가 자전거가 오면 하던 놀이를 잠깐 멈추고 비키면 그만이야. 자전거가 다니는 길은 사람이 걸어 다닐 정도면 충분했거든. 생각할수록 자전거는 인류의 놀라운 발명품이야. 자전거는 오직 인간의 동력으로 움직이기 때문에 온실가스를 배출하지 않아.

2020년 기준으로 우리나라에는 자동차가 대략 2437만대 있어. 2.7명당 한 대 꼴로 차가 있는 셈이지. 이 인구에서 면허증을 가질 수 없는 만18세 미만 인구와 면허증이 없는 인구를 빼면 한 사람이 소유하는 자동차 비중은 더 늘어날 거야. 자전거는 사람이 다닐 수 있는 길은 웬만하면 다 지나다닐 수 있어. 심지어 좁은 논두렁길도 가능하지. 자동차가 다니려면 먼저 도로가 있어야 해. 도로만 있으면 자동차가 다닐 수 있을까? 자전거라면 나무에 기대어 둘 수도 있지만 자동차는 세워둘 곳이 반드시 있어야 해. 물론 자전거도 수가 늘면 별도의 주차 공간이 필요하지. 가로 4미터, 세로 1.5미터 크기의 자전거 보관소에는 자전거를 적어도 열 대는 세울 수 있어. 반면 자동차 한 대를 주차하려면 가로 2.3미터 세로 5미터의 면적이 필요해.

오염 물질과 온실가스를 배출하고, 에너지를 넣어야만 움직일 수 있는 자동차와 굳이 비교하지 않아도 자전거의 장점은 무척 많아. 그렇지만 비나 눈이 오거나 너무 추우면 자전거를 타기 힘들어. 짐이 많아도 자전거로는 힘들지. 자동차는 20세기 초에 등장하면서 사람들의 마음을 사로잡기 시작했어. 언제든 탈 수 있고 자전거의 약점을 보완하는 듯 여겨졌지. 2차 세계대전이 끝나고 1960년대까지 자동차 교통은 발전을 거듭했어. 그런데 자동차 교통이 발전하면서 맑은 하늘이 사라지고 오염된 공기를 마셔야 했어. 사람들이 자동차의 문제점을 눈치채기 시작했던 거야.

2020년 1월, 프랑스 수도 파리시에서 시장 선거를 앞두고 한 후보는 카페에서 선거 공약을 발표했어. 여덟 가지 공약 가운데는 파리 시내 자동차 운행 속도를 시속 30킬로미터로 제한하고 현재 있는 주차장을 절반으로 줄이겠다는 공약도 있었어. "지금도 주차장이 부족한데 무슨 소리야?" 하며 파리 시내에 살고 있는 자가용 이용자들이 크게 반발했지.

그래서 시장이 공약을 철회했을까? 그럴 리가! 이 후보는 당시 파리시 시장이던 안 이달고였어. 임기 중에도 자전거 도로와 공유 자전거인 벨리브를 확대했고 차량 통행을 제한하는 등 친환경 도시로 꾸준히 전환을 추진해 오고 있었거든. 이날 선거 공약도 자전거 카페에서 발표를 했대.

차량 속도를 제한한다는 건 어떤 의미일까? 차를 끌고 나와 봤자 빨리 갈 수가 없으니 사람들이 계속 승용차를 운행하려 할까? 주차장을 줄이겠다는 공약 역시 마찬가지야. 결국 자가용 이용을 줄이자는 거지. 도로의 차선 수를 줄이고 대신 자전거 도로와 걷는 길을 넓히고 주차장을 없앤 자리에 숲과 정원을 더 늘리겠다는 거야. 특히 오염이 심한 지역 300개 학교 근처에 있는 주차장부터 없애겠다고 했어. 안 이달고 시장은 저런 공약을 내걸고 과연 당선됐을까? 물론이지!

2020년 1월 콜롬비아 수도인 보고타시에서는 클라우디아 로페즈 시장 취임식이 있었어. 이날 로페즈 시장은 취임식을 하러 집에서 7킬로미터 떨어진 공원까지 자전거를 타고 갔대. 그동안 보고타 시장 취임식 장소로 사용하던 역사적인 광장이 아닌 시몬 볼리바르 공원에서 소박한 취임식을 했어. 시장이 자전거를 타고 취임식장에 갔다는 것은 보고타시를 자전거 친화 도시로 만들겠다는 의지를 보여 준 걸로 해석할 수 있어.

자전거 하면 네덜란드를 빼놓을 수 없지. 네덜란드는 세계에서 자전거 이용률이 가장 높은 나라야. 네덜란드 사람들이 애용하는 이동 수단 1위가 자전거거든. 네덜란드에는 사람보다 자전거가 더 많대. 암스테르담, 로테르담, 위트레흐트는 모두 세계적인 자전거 메카인 셈이야. 네덜란드 중부 위트레흐트주에는 세계에서 가장 큰 규모의 자전거 주차장이 있어. 세계에서 가장 살기 좋은 도시 가운데 하나인 덴마크 코펜하겐도 자전거 친화 도시야. 코펜하겐에는 '그린 웨이브'라는 게 있어. 반응형 신호등 시스템인데 주요 도로의 자동차 신호등을 자전거 운전자 속도에 맞추어 작동하도록 하는 거야. 자전거는 자동차 속도를 따라갈 수가 없잖아. 이런 배려, 멋지지 않니?

벨기에의 헨트시는 1996년부터 교통 체증, 보행자 안전 그리고 대기 오염, 온실가스 배출 등의 문제를 해결하기 위해 도심으로 진입하는 일반 차량 출입을 금지시켰어. 자전거, 구급차, 공공 차량과 전기로 가는 트램과 버스, 택시 등 대중교통만 진입이 가능해. 헨트시를 이렇게 만들기까지 공무원들은 때로 살해 위협까지 받았대. 그렇지만 굴하지 않고 이루어 냈다니 참 멋진 공무원들이지? 독일의 생태 수도인 프라이부르크도 도심으로 자동차가 들어갈 수가 없어. 외곽에 있는 주차장에 주차를 하면 저렴한 주차비를 받으면서 트램을 이용할 쿠폰을 줘. 도로와 인도는 구분이 분명하니까 차가 다니지 않아도 사람들이 도로 위를 자유롭게 다닐 수 없어. 그런데 트램 길은 사람과 공유할 수 있는 공간이야. 트램이 지나다니는 길에는 잔디도 깔려 있고 트램이 다니지 않는 시간에는 사람들이 걸어 다닐 수 있거든.

전기차가 친환경일까?

도시에 살고 있는 사람이 자동차보다 많은데 자동차가 다니는 도로는 넓고 사람이 다니는 길은 굉장히 협소해. 자동차가 다니지 않을 때도 도로와 주차장은 그 공간을 차지하고 있어. 우리나라에도 공유 자전거가 제법 생겼지만 자전거 도로는 매우 초라해. 나는 서울시 공유 자전거인 따릉이 정기권을 끊어서 전철역까지 타고 다니는데 차도로 다니려면 차들이 자주 경적을 울리고 쌩쌩 지나다녀 무섭더라. 인도로 다니려면 사람들의 보행을 방해하는 것 같아 이래저래 불편하고.

우리나라 교통 정책은 어떨까? 기후 위기에 대응하겠다며 정부가 2020년에 탄소 중립을 선언했는데 교통 분야 온실가스 감축안이 전기차와 수소차를 많이 보급하겠다는 거였어. 전기차를 친환경이라고 하는 까닭은 화석 연료를 태우는 내연기관이 없어서 온실가스나 오염물질을 배출하지 않기 때문이야. 그런데 우리나라 전기의 90퍼센트 이상을 화석연료나 핵연료로 생산하는데, 이런 전기로 충전한다면 과연 친환경이라고 할 수 있을까? 전기차가 진정한 친환경이 되려면 전력 생산을 얼른 재생 에너지로 전환해야만 해.

또 하나, 전기차의 핵심인 배터리를 만들려면 리튬이나 코발트 같은 광물이 필수야. 칠레는 세계 리튬 매장량의 53퍼센트를 보유하고 있는 나라야. 코발트는 콩고민주공화국에 가장 많은 양이 매장돼 있어. 우리나라는 이 원료를 모두 수입해야 해. 게다가 매장돼 있는 자원을 꺼내 쓰다 보면 언젠가는 고갈

될 날이 올 거야. 채굴하기 위해 들어가는 에너지, 화학 약품에 대해서는 더 언급하지 않아도 알겠지?

전기차에 들어가는 리튬 배터리 20개를 만드는 데 190만 리터의 물이 필요하다고 해. 또 폐배터리 처리는 어떻게 할까? 아직까지 세계에는 폐배터리 재활용 시스템이 없어. 이런 상황에서 전기차를 무조건 친환경이라고 할 수는 없을 것 같아. 전기차가 내연기관 자동차의 대안임에는 틀림없어. 다만 친환경차라고 해도 탄소 중립이 가능하려면 차를 줄여야 하는데 자동차를 보급하겠다니 이해가 되질 않아. 그렇다고 차를 다 없애라는 얘기는 아니니 오해 없길.

대중교통이 공짜가 된다면?

이런 상상을 해 봤어. 우리가 고층 빌딩에 올라갈 때 엘리베이터를 타잖아. 그럴 때 엘리베이터에 돈을 내니? 나는 아직까지 엘리베이터를 타면서 돈을 냈다는 소릴 들어 본 적이 없거든. 상하로 이동할 때는 돈을 내지 않는데 왜 좌우로 이용할 때는 돈을 내지? 대중교통을 무상으로 이용하는 방법을 얘기하는 거야. 2020년에 '정의로운 전환, 그린뉴딜 국회의원 연구모임'에서 교통 분야에 관한 설문 조사를 했어. 대중교통을 모두 무료로 전환하면 자가용 운전을 포기하겠느냐는 질문에 대해 57.9퍼센트의 응답자가 그렇다고 답변했지. 포기할 생각 없다는 응답자(18.9퍼센트)보다 월등히 높았어.

자가용을 포기할 수 없는 이유로 대중교통이 복잡해서(30.3퍼센트), 목적지까지 대중교통이 없어서(22.7퍼센트), 출퇴근 시간이 많이 걸려서(21.2퍼센트)라고 밝혔어. 이 설문을 통해 친환경 자동차를 보급하는 것과 함께 대중교통 정책을 확대할 필요성을 확인한 거야. 유럽과 남미의 자전거 친화도시들의 공통점은 버스 정류장이나 전철역과 자전거가 바로 연결되어 있어. 이용할 때 내야 하는 금액도 무척 저렴해. 1년에 자전거 이용 요금이 10유로(약 1만 4000원)가 채 안 되는 도시도 있을 정도니까.

브라질 쿠리치바시는 생태 도시로 유명한데 특히 대중교통 정책은 세계에서도 앞서가는 곳이야. 버스 정류장 지붕에 태양광을 깔아 에너지 자립을 하면서 에어컨을 설치해 쾌적하게 버스를 기다리도록 설계했어. 우리나라의 경우는 어떠할까? 서울 인사동 전통문화의 거리는 오전 10시부터 오후 10시까지 차 없는 거리야. 사람들은 도로 위를 여유 있게 돌아다니면서 구경할 수 있지. 또 경남 김해시는 네덜란드의 사례를 벤치

마킹하면서 자전거 도로를 계속 늘려 가며 자전거 도시로 거듭나는 중이야.

더 많은 사람들이 자동차 대신 걷거나 자전거를 이용하거나 대중교통을 이용한다면 탄소 제로 교통을 좀 더 빨리 실현할 수 있을 거야. 킥보드처럼 더 소형화된 탈것인 '퍼스널 모빌리티'를 이용하는 사람들도 점점 늘어나고 있어. 안전하게 이용할 수 있다면 우리가 탄소 배출 없이 이동할 수 있는 방법은 정말 많을 거야. 탄소 배출을 줄이기 위해서는 너희들의 상상력이 절실해. 만약 우리 집 앞까지 전기 버스가 온다고 상상해 봐. 전기차이니까 매연도 없고 소음도 없어. 게다가 공짜이기까지 하다면? 사람들이 어떤 이동수단을 이용할까?

기후 위기 시대에 탄소 배출을 줄이는 가장 획기적인 분야는 교통이거든. 승용차가 아니라 대중교통을 전기차로 전환한다면? 마을 곳곳을 더 깊숙이 더 촘촘히 대중교통과 자전거 등으로 연결한다면? 유럽의 자전거 친화 도시들이 부럽다면 부모님들을 설득해 봐. 선거 때 이런 정책을 공약으로 내는 정치인을 찍으시라고 말이야. 우리 지역에 그런 정치인이 없다면 후보들에게 그런 공약을 요구해 볼 수도 있지 않을까?

위기를 기회로 만드는 새로운 상상!

기념품으로 쓰레기를 준다고?

길거리에 굴러다니는 쓰레기를 보면 눈살이 찌푸려져. 좀 예민한 사람이라면 저런 건 양심을 버린 거라며 끌탕을 하고 지나치지. 그런데 이런 쓰레기를 보고 아주 독특한 생각을 해 낸 사람이 있어. 미국 뉴욕에 사는 저스틴 지낙은 2001년부터 뉴욕 거리에서 주운 쓰레기를 아크릴 큐브에 넣어서 뉴욕 기념품으로 판매해. 디자인을 공부한 그는 플로리다에서 병 속에 모래를 담아 파는 기념품을 보고 뉴욕을 상징할 만한 기념품을 떠올렸대. 그러던 어느 날, 쓰레기가 그의 눈에 들어온 거야. 얼마나 쓰레기가 많았으면 쓰레기로 기념품을 만들 생각을 했을까 싶기도 하지만 기발한 발상임에는 틀림없어. 찌그러진 캔, 깨진 콜라병 주둥이, 밟히고 구겨진 일회용 종이컵이 큐브 속에 들어 있는 기념품이라니, 일단 신선해.

뉴욕에서 게이 결혼식이 합법화된 날, 오바마 전 미국 대통령 취임식 날, 타임 스퀘어 새해 전야제 등과 같이 평소보다 특별한 날에 생긴 쓰레기로 만든 기념품은 한정판으로 100달러에 팔리기도 했어. '뉴욕의 쓰레기(Garbage of New York)'라는 굵은 글자와 함께 뉴욕에서 손으로 고른 100퍼센트 정통 뉴욕 쓰레기라는 설명이 큐브에 적혀 있어. 이 독특한 아이디어는 2007년 3월 아일랜드 더블린에서 열린 성 패트릭의 날 퍼레이드에서 뉴욕 쓰레기의 해외 판으로 만들어지기도 했지. 새로운 기념품을 만들지 않고 길거리 쓰레기로 기념품을 만들었다는 게 신기하고 반가우면서도, 한편 쓰레기가 한 도시의 기념품이 된다는 게 씁쓸하기도 해.

기후 위기로 치닫는 세상을 살아가는 일은 많이 팍팍해질 거야. 그렇다고 모두 암울하게 종말론적인 생각을 하며 살아야 할 필요는 없어. 어쩌면 세상은 상상력이 구원할 수도 있어. 문제가 생기면 문제를 상상해 보는 건 어떨까? 그 상상력이 해법을 낳을지 누가 알겠니? 세상에는 다양한 발견의 가능성이 있단다.

재생 에너지를 사용한 발전

태양광은 대개 지붕에 있거나 옥상에 있거나 산이나 들, 바다 위, 저수지 위에 있지. 거대해서 태양광으로 전기를 만들어 쓰는 일은 무척 거창하게만 느껴져. 너희가 꾸준히 전기를 사용하는 건 아마도 휴대폰일 거야. 대부분의 사람들이 종일 사용하는 전기 역시 휴대폰일 가능성이 높아. 만약 휴대폰을 태양광으로 만든 전기로 사용한다면 어떨까? 실제로 이러한 상상에서 시작된 휴대폰 태양광 충전기가 있지. 핸드백에 들어갈 수 있는 작은 태양광 패널을 만든 거야.

거기에 더해서 누군가는 '더 많은 전기를 모을 방법은 없을까?' 상상을 해. 요크(YORK)라는 회사에서 손바닥만 한 태양광 패널을 자석으로 계속 이어 붙이며 필요한 전기 용량을 스스로 만들어 사용할 수 있는 제품을 만들었어. 꼭 거대한 댐에 물을 가두고 낙차를 이용해야만 전기 에너지를 생산할 수 있을까? 이런 생각에서 출발해서 소수력 발전이 나와. 작은 규모의 개천에서도 물의 흐름을 이용해 에너지를 생산하는 거야.

이에 착안해서 휴대용 소수력 발전기가 개발되었어. 여름이면 시원한 계곡으로 많이들 놀러 가잖아. 계곡은 숲이 우거져서 볕이 잘 들지 않아. 볕이 없어 태양광 패널 충전기가 무용지물이 되지만 계곡에 흐르는 물로 전기를 만들 수 있는 소수력 발전기가 있다면 여전히 재생 에너지를 사용할 수 있겠지. 이노마드라는 회사가 만든 소수력 발전기는 이런 상상에서 시작되었어. 흐르는 물을 에너지로 바꾸려는 이런 상상, 어떠니? 생각의 전환이 더 나은 세상으로 우리를 이끌 수 있다는 생각이 들지 않니?

유럽의회는 2020년 일회용 플라스틱 사용을 규제하는 법안을 승인했어. 2021년 7월부터 유럽연합 회원국은 일회용 플라스틱을 사용하면 안 돼. 플라스틱 소비량은 해마다 4퍼센트씩 증가하고 있어. 플라스틱 원료는 원유고, 플라스틱에서 배출하는 온실가스가 전체의 3.8퍼센트나 된다고 앞서 설명했던 거 기억하지? 플라스틱으로 만든 제품은 앞으로 계속 늘어날 수밖에 없고 인구도 계속 늘어날 예정이라 2050년이 되면 플라스틱 부문에서 배출되는 온실가스는 15퍼센트까지 증가할 걸로 예측하고 있어.

특히 코로나가 덮치면서 물건을 배달하는 일이 부쩍 늘어났고, 위생 때문에 일회용품을 더 많이 사용하고 있어. 그렇지만 일회용품과 포장재를 줄이려는 노력 또한 다른 한편에서 꾸준히 진행 중이야. 일회용 컵 사용을 줄이기 위해 텀블러를 반드시 갖고 다니자는 캠페인이 시작된 지는 꽤 됐어. 그런데 텀블러는 사실 무겁고 번거롭기도 해. 또 까먹고 챙기지 못하는 일도 생기고 말이야. 그럴 때마다 마치 죄인이 된 듯한 기분이 들 때가 있어. 만약 카페에서 테이크아웃용으로 텀블러를 제공한다면 어떨까?

미국의 '베셀 웍스'는 바로 이런 점에 착안해서 텀블러 공유 서비스를 하고 있어. 베셀 웍스 회원에 가입을 하고 회원 카페에서 QR코드로 베셀 웍스 회원 인증을 하면 텀블러를 빌려 줘. 카페를 나와 목적지로 이동하며 차를 마시고 다 마신 뒤 더 이상 필요가 없어진 텀블러는 가까운 곳에 있는 무인 반납대에 반납해. 여기에 모아진 텀블러를 베셀 웍스에서 수거해 가서 세척하고 다시 카페에 보내.

카페는 텀블러 개당 일회용 컵 하나 값에 해당하는 비용을 베셀 웍스에 지불하면 고유 텀블러 서비스를 이용할 수 있어. 이용자는 5일 안에 텀블러를 반납하면 되고 만약 이 기간을 넘기면 앱에 연동된 이용자 계좌에서 비용이 빠져나가. 카페는 공유 텀블러를 사용하면서 '개념 있는' 카페가 되고, 이용자는 무겁게 텀블러를 가지고 종일 다니지 않아도 되고, 베셀 웍스는 이런 일로 일자리를 창출하게 되니까 일석삼조가 되는 건가?

최근에 비닐 라벨을 없앤 생수병이 친환경이라면서 불티나게 팔리던데, 페트병이 과연 친환경일 수 있을까? 그렇다면 생수병의 대안을 뭘까? 학교 복도마다 있는 음수대가 거리 곳곳에 있다면 어때?

라벨 없는 상품

유럽에서는 일반 채소를 포장하지 않은 채 팔아. 그런데 유기농 식품은 반드시 유기농 라벨을 부착해야 하는 의무 조항이 있어. 유기농 식품을 선택하는 사람들 대부분은 환경을 중요하게 생각하는데 오히려 유기농이어서 라벨을 붙이고 포장을 한다는 게 이들의 불만이었어.

네덜란드의 유기농 채소 유통 기업인 '에오스타'는 라벨 포장을 없애고 대신 채소와 과일에 레이저로 직접 표시하는 기술을 개발했어. 친환경 브랜딩으로 불리는 이 기술은 제품의 겉면에 빛을 쪼여서 농산물 표면 색소를 제거하고 거기에 정보를 새기는 방식이야. 아주 적은 양의 빛을 쪼이기 때문에 안전에 문제가 없고 오히려 플라스틱 포장재, 종이, 잉크, 접착제 등을 사용하지 않아서 에너지와 비용도 줄일 수 있대. 에오스타는 이 친환경 레이저 포장 기술로 2017년 100대 지속가능기업 1위를 수상했고 2018년에는 포장 디자인상을 받기도 했어.

포장재에서 나오는 쓰레기를 줄이려는 노력은 세계 곳곳에서 활발히 일어나고 있어. 샴푸나 세제는 주성분이 제품 전체의 20퍼센트야. 주성분만 제품으로 만들어 팔고 사용하는 사람들이 물을 섞는다면 굳이 포장재 없이 내용물만 팔아도 되지 않을까? 이런 생각을 하기 시작하면서 점점 변화가 일어나는 것이지.

알약처럼 생긴 고체 치약이 있어. 입에 넣고 씹다가 물로 입안을 헹구면 끝이야. 샴푸, 화장품 등을 내용물만 파는 가게에 갈 때 담아갈 통을 준비해 가면 무게에 달아서 내가 필요한 만큼만 덜어 살 수 있어. 포장재 쓰레기가 생기는 걸 사전에 차단해 버리는 거야. 포장재 쓰레기를 어떻게 하면 더 이상 생기지 않게 할까를 고민하는 데서 문제의 해결할 길이 열린 거지. '쓰확행'이라는 말이 있어. 쓰레기를 확 줄이는 행동을 하자는 뜻이야. 새로운 상상의 힘은 바로 이런 거야.

새로운 상상은 이제부터 시작

드레스 이야기도 빼놓을 수 없지. 결혼식은 자주 하는 게 아니잖아. 평생에 한 번 혹은 몇 번, 그래서 웨딩드레스는 대개 빌려서 입어. 웨딩드레스를 본 친구들이라면 느꼈겠지만 굉장히 화려해. 반짝거리는 장신구도 많이 붙어 있어서 세탁도 어렵고 또 유행이 자꾸 바뀌어. 그래서 웨딩드레스는 서너 번 정도 입고 나면 폐기할 수밖에 없대. 너무 아깝잖아.

한 디자이너는 이 아까운 웨딩드레스로 핸드백 등 장신구를 만드는 아이디어를 떠올렸어. 행사할 때 행사를 알리는 현수막을 걸잖아. 그런데 이런 현수막은 딱 한 번 밖에 사용할 수가 없어. 이 아까운 걸 다양한 형태의 에코백으로 만든 기업이 있어. '터치포굿'이라는 우리나라의 사회적 기업인데 이 기업은 대통령 선거용 포스터로 에코백을 만들어 사람들에게 엄청난 인기를 끌기도 했어.

립스틱을 써 본 친구는 알겠지만 끝까지 다 쓰지 않고 여기저기 처박아 둔 게 꽤 될 거야. 터치포굿은 이런 립스틱을 모아서 크레파스를 만들기도 해. 이렇게 쓰레기가 될 뻔한 것을 멀쩡한 제품으로 탄생시키는 걸 업사이클링이라고 해. 쉽게 버려져 쓰레기의 길을 가는 것들에 너희들의 반짝이는 아이디어를 한번 접목시켜 보면 어떨까? 이건 어쩌면 우리의 미래와 연결되는 일일 수도 있어.

화물차의 화물칸을 덮는 방수천이 명품백이 된 프라이탁, 낡은 소방 호수가 명품 백으로 재탄생한 엘비스앤크레세, 해안가의 비치파라솔, 튜브 그리고 해녀의 잠수복, 자전거 바퀴 살까지……. 쓰레기가 될 뻔한 것들을 붙잡아 새로운 숨결을 불어넣어 요긴한 제품으로 재탄생시킨 예는 찾아보면 너무 많

아. 더구나 이런 제품들은 세상에 하나뿐인 '희귀템'이라는 이유로 비싼 가격에 팔리기까지 하거든. 자원을 채굴하느라, 채굴한 자원을 다시 제련하느라 들어가는 물과 에너지 그리고 화학 약품으로 지구는 신음하고 기온은 계속 오르지. 지구에서 살아가는 일이 점점 더 고통스러워지는 이 고리를 끊는 방법이 어쩌면 새로운 상상에서 나올 수 있다는 말, 이제 신뢰할 수 있겠니?

헌 집 줄게 새집 다오, 했더니 헌 집을 에너지 성능이 개선된 새집으로 고쳐 준다는 '21세기형 두꺼비' 소문은 혹시 들어 봤니? 오래된 아파트를 재건축하면서 하늘은 점점 좁아지고 있어. 부숴 버린 건축 폐기물은 대체 어디로 가서 어떻게 되는지 재건축을 바라는 주민들은 생각해 본 적 있을까? 오래된 집을 부수고 새로 지을 게 아니라 고치고 수리해서 계속 살아간다면 얼마나 좋을까?

서울시 동작구에 위치한 성대골에너지자립마을에는 자기 집을 수리해서 에너지 성능을 개선시키는 기술을 가르치는 센터가 있어. '우리집 그린케어'가 바로 그곳이야. 여기에서는 마을 사람들에게 에너지 성능을 향상시키는 집수리 기술을 가르쳐. 그뿐만이 아니야. 한 발 더 나아가 집수리를 본격 직업으로 삼을 수 있는 집수리 기술자를 양성하는 '마을기술 창업

스쿨' 과정도 있어. 최첨단 시설이 들어간 고층 아파트가 아닌 헌 집을 수리하고 고쳐 쓰는 기술이야말로 기후 위기에서 우리를 구해 줄 수 있는 기술이 아닐까? 어때? 상상이 기후 위기에 처한 우리를 구해 줄 수 있을 것 같니?

1. 태양광, 풍력 등 신재생에너지 정책을 확대하자!

찬성 ▸ 핵 발전보다는 안전하니까.

반대 ▸ 재생 에너지로 만든 전기는 전기 요금이
더 비싸다던데?

재생 에너지는
어떤 것이 있고, 각각의 장단점을
이야기해 보자.

2. 대중교통은 모두 무상으로 이용하게 하자!

찬성 ▸ 이동권은 보편적 사회 권리니까.

반대 ▸ 택시 기사의 생계가 어려워지지 않을까?

탄소 배출 없이 이동할 수 있는
방법을 조사해 보자.

3. 도심 중앙 도로에 자전거 전용 도로를 설치하자!

찬성 ▸ 친환경 도시를 만들 수 있잖아.

반대 ▸ 자전거 타는 사람들만 혜택받는 거 아닌가?

선거 때 자전거
관련 공약이 왜 드문지
이야기해 보자.

덜 소비하고 더 나누는 삶

전 세계 9명 중 1명 꼴인 8억 2000만 명이나 되는 인류가 매일 밤 저녁을 굶은 채 잠자리에 든다는 이야기를 처음 듣던 때가 생각나. 적잖은 충격이었거든.

끼니를 굶어 본 적 있니? 다이어트 하느라 굶어 본 친구야 있겠지만 그건 먹을 게 없어서가 아니라 안 먹은 거니까 완전히 다른 차원의 이야기이지. 배가 고파 쓰러질 것 같은데도 당장 먹을 게 없어서 주린 배를 안고 밤을 지내야 하는 심정을 우리는 헤아릴 수 있을까? 사정이 이러한데도 지구에서 생산되는 먹을거리의 3분의 1은 손대지 않은 채로 버려지고 있어. 그렇게 버려질 음식을, 날마다 저녁을 굶고 잠자리에 드는 저 인류와 나눌 수 있다면 얼마나 좋을까?

음식물을 생산하고 유통하는 과정에 들어가는 에너지를 생각해 봐. 한겨울에도 채소와 과일을 생산하느라 비닐하우스에서 농사를 지어. 우리나라는 중국, 스페인에 이어 세 번째로 비닐하우스가 많은 나라야. 전 세계 비닐하우스의 10퍼센트가 우리나라에 있거든. 비닐하우스에서 농사를 지으려면 당연히 에너지가 필요하지. 에너지 소비는 결국 온실가스를 배출하는 일인데 이렇게 먹지도 않고 버릴 거였다면 대체 우리는 왜 씨를 뿌리고 농사를 지어야 하는 걸까? 음식물 쓰레기에서 발생하는 온실가스는 전 세계에서 배출하는 온실가스의 8퍼센트나 돼.

단지 고기를 얻으려고 사람들이 남아메리카 열대우림에 불을 질러 숲이 사라지고 있어. 2019년 한 해에만 아마존 열대우림에 얼마나 많은 화재가 발생했는지 앞서 이야기했지? 인

공위성에서도 시뻘건 불길이 찍힐 정도였다고 말이야. 지구 반대편 한반도 서울에 살고 있는 내가 그 숲과 숲에 사는 동물을 지킬 수 있는 유일한 일이 고작 고기를 끊는 일뿐이라는 게 너무 미안했지만 그마저 하지 않는다면 견딜 수가 없었어. 모든 사람들이 고기를 끊을 수 있다고 생각하지는 않아. 다만 지금처럼 고기를 즐겨 먹는 일이 조금씩 줄어들기를 바라는 마음이야.

경제협력개발기구 36개 나라에서 고기 소비를 절반만 줄여도 저녁밥을 굶고 잠자리에 드는 인류는 사라질 거라고 해. 육식의 문제는 여기서 그치지 않아. 우리가 먹는 고기는 대부분 공장식 축산으로 생산하고 있어. 밀집 사육을 하다 보니 여러 위험성이 있고, 가축 한 마리가 병들면 금세 퍼지는 걸 막기 위해 항생제 등의 약물을 사용할 수밖에 없어.

또한 가축 분뇨를 처리하는 과정에서 발생하는 수질 오염뿐만 아니라 축산업에서 전체 온실가스의 18퍼센트나 배출하고 있어. 2020년 국내에서 도축된 동물은 11억 5000만 마리가 넘었대. 이 많은 동물을 먹이기 위한 사료는 대부분 수입해 오고 있지. 그 사료의 대부분은 열대우림을 없애고 얻어진 거고 말이야. 그리고 그 무엇보다 중요한 것은 우리가 먹는 고기는 한때 따뜻한 피가 흐르던 생명체였다는 사실이야. 목숨 지닌 모든 존재는 죽음을 두려워하거든.

강연을 통해 사람들을 만나다 보면 가장 많이 받는 질문이 "당장 실천할 수 있는 한 가지를 알려 주세요!"거든. 나는 주저 없이 고기 섭취를 줄이는 일을 제안해. 일주일에 단 하루 만이라도 고기 없는 요일을 만들어 실천해 보라고.

사실 우리가 일상에서 먹고 입고 사용하는 것들에서 나오는 온실가스, 즉 탄소 발자국에 주의를 기울인다면 지금과 같은 소비를 할 수가 없어. 너무 불편하다고? 맞아, 불편해. 풍요로운 삶을 살아왔기 때문에 탄소 발자국을 줄이는 일은 불편하지만 그런 풍요로운 삶을 사느라 지구가 지질학적인 속도를 버리고 인간의 속도로 변하기 시작했잖아.

좀 억울하다고 생각할 수도 있어. 이제 겨우 10대라 별로 많이 누리지도 못했는데 불편을 감수하라니? 그건 대단히 미안한 일이지. 그런데 더 억울한 사람들도 있어. 전 세계에서 가장 가난한 50퍼센트의 사람들이 전체 온실가스의 고작 7퍼센트밖에 배출하지 않아.

그렇지만 그런 사람들이 기후로 발생한 피해는 가장 먼저, 가장 많이 입고 있어.

기후 피해는 사람에서 그치지 않아. 극지방에 살고 있는 북극곰, 펭귄도 먹을 것이 부족해지면서 굉장히 힘든 상황에 처해 있잖아. 그 모든 것이 우리가 배출한 온실가스와 아주 밀접한 관련이 있어. 책을 다 읽었다면 앞으로 어떤 마음가짐으로 살아갈지, 무엇을 해야 할지 생각할 수 있을 거야.

우리처럼 잘사는 나라 사람들은 소비를 줄이고 지구에서 함께 살아가는 뭇 생명을 포함한 이웃들과 더 많이 나누어야 할 것 같아. 소비를 줄이기 위해 선행돼야 할 것은 바깥으로 보이는 모습이 아니라 내면의 힘을 기르는 일이라고 생각해. 소유한 물건으로 사람을 판단하는 것이 아니라 여러 생명들과 조화롭게 살아가는 삶을 발견하는 안목을 키우는 일.

당장 눈앞의 이익보다 타인을 배려하고 협력하려는 마음이 무엇보다 절실한 시대야. 그런 마음이 커질수록 덜 소비하고 더 나누는 삶을 살 수밖에 없을 테니까. 끝까지 읽어 줘서 정말 고마워!

2021년 여름
최원형